LangChain

開發手冊

OpenAI × LCEL 表達式

Agent 自動化流程 • RAG 擴展模型知識

圖形資料庫 • LangSmith 除錯工具

LangChain
開發手冊

OpenAI×LCEL 表達式

Agent 自動化流程 • RAG 擴展模型知識

圖形資料庫 • LangSmith 除錯工具

LangChain

開發手冊

OpenAI × LCEL 表達式

Agent 自動化流程 • **RAG** 擴展模型知識

圖形資料庫 • **LangSmith** 除錯工具

感謝您購買旗標書,
記得到旗標網站
www.flag.com.tw
更多的加值內容等著您…

<請下載 QR Code App 來掃描>

● FB 官方粉絲專頁:旗標知識講堂

● 旗標「線上購買」專區:您不用出門就可選購旗標書!

● 如您對本書內容有不明瞭或建議改進之處,請連上
旗標網站,點選首頁的 聯絡我們 專區。

若需線上即時詢問問題,可點選旗標官方粉絲專頁
留言詢問,小編客服隨時待命,盡速回覆。

若是寄信聯絡旗標客服 email,我們收到您的訊息
後,將由專業客服人員為您解答。

我們所提供的售後服務範圍僅限於書籍本身或內
容表達不清楚的地方,至於軟硬體的問題,請直接
連絡廠商。

學生團體　　訂購專線:(02)2396-3257 轉 362
　　　　　　傳真專線:(02)2321-2545

經銷商　　　服務專線:(02)2396-3257 轉 331
　　　　　　將派專人拜訪
　　　　　　傳真專線:(02)2321-2545

國家圖書館出版品預行編目資料

LangChain開發手冊--OpenAI × LCEL 表達式 ×
Agent 自動化流程 × RAG 擴展模型知識 × 圖形資料庫 ×
LangSmith 除錯工具 / 施威銘研究室著.
-- 臺北市:旗標科技股份有限公司, 2024.05 面;　公分

ISBN 978-986-312-791-8 (平裝)

1.CST: 人工智慧　2.CST: 機器學習　3.CST: 自然語言處理

312.83　　　　　　　　　　　　　113005302

作　　者/施威銘研究室 著

發 行 所/旗標科技股份有限公司

　　　　　台北市杭州南路一段15-1號19樓

電　　話/(02)2396-3257(代表號)

傳　　真/(02)2321-2545

劃撥帳號/1332727-9

帳　　戶/旗標科技股份有限公司

監　　督/黃昕暐

執行企劃/黃昕暐

執行編輯/陳省任‧黃昕暐

美術編輯/陳慧如

封面設計/鄭仔恩‧陳慧如

校　　對/陳省任‧黃昕暐

新台幣售價:680 元

西元 2024 年 6 月 初版 2 刷

行政院新聞局核准登記-局版台業字第 4512 號

ISBN　978-986-312-791-8

範例檔案下載

本書各章實作使用 Colab 以及 Replit 兩個線上開發環境, 為了方便讀者, 我們會把所有的範例專案網址都整理在以下的頁面中:

https://www.flag.com.tw/bk/t/F4763

Colab 使用注意事項

Colab 在中文環境下雖然可以正確運作, 不過你可能會遇到開啟範例筆記本後, 程式碼縮排看起來有點零散的狀況, 例如:

```
if  show:
      for  token  in  tokens:
            print(color(encoder.decode([token]),
                             bg=color_pallet[idx]),  end='')
            idx  =  (idx  +  1)  %  len(color_pallet)
```

這是因為空格的字寬是中文全形字寬造成的, 建議可以設定編輯器使用等寬字, 例如在 Windows 可以設定為 Consolas 字型:

就會正常了:

```
if show:
    for token in tokens:
        print(color(encoder.decode([token]),
               bg=color_pallet[idx]), end='')
        idx = (idx + 1) % len(color_pallet)
```

或者也可以執行『**說明/查看英文版本**』功能表指令改用英文版 Colab 也可以。

目錄
CONTENTS

CHAPTER 3

使用流程鏈 (Chain) 串接物件

語言模型開發框架 - LangChain

　　隨著大型語言模型 (LLM) 崛起, 越來越多人會想要在開發應用程式時加入語言模型, 於是專門為開發整合語言模型應用程式的框架就因此誕生！本章將會介紹最近許多人使用的 LangChain 開發框架, 幫助我們瞭解它的優點。

1-1 為甚麼選擇 LangChain？

OpenAI 新推出的 Assistants API 那麼厲害, 不但可以查看文件還可以修改程式, 那麼為甚麼還要用 LangChain 開發應用程式呢？因為 Assistants API 無法滿足一些特殊需求, 下面就以圖片型 PDF 舉例：

圖片型 PDF 對於 Assistants API 來說會因為是圖片而無法解析其內容。

而 LangChain 可以使用內建提供的工具, 針對圖片型 PDF 也可以輕鬆處理, 以下為筆者寫的簡單問答程式：

使用 LangChain 框架來開發程式比較有彈性, 除了有閱讀多種格式文件的工具, 與語言模型溝通的提示內容也能自己設定, 它的架構還可以自動選用並執行你設計好的函式, 提供額外的資訊給模型參考, 讓你自由串接出想要的應用程式。

LangChain 簡介

LangChain 是由 Harrison Chase等人共同開發, 以語言模型為核心的應用開發框架, 主要目的是為了建構能夠整合外部資源與具有自我推理能力的應用程序, 像是擷取外部資料擴充模型知識回答文章內容等, 也能依靠語言模型進行推理, 自動採取行動等。如以下 YouTube 懶人包問答機器人就可以讀取從 YouTube 下載轉換的字幕內容回答電影相關問題:

▲ 本書將會製作的問答機器人

LangChain 框架目前可以支援 Python 和 JavaScript 兩種程式語言, 本書主要介紹 Python 套件的使用方式。LangChain 套件包含大量的元件, 以及用於組合這些元件的流程機制, 還有製作具有自我推理行動的代理所需的相關物件。

另外, LangChain 框架也提供包裝過的語言模型介面, 可以讓你以同樣的程式碼介接不同的大型語言模型, 不需要為了不同的語言模型撰寫多種版本的程式碼。此外, LangChain 也提供大量的外部工具介面, 可以幫語言模型添加各式各樣的功能與資料來源, 讓你可以很方便地開發出專屬的應用程式。

除了 LangChain 框架之外, 整個 LangChain 生態圈還包含許多延伸功能, 例如：LangServe 是一個用於將 LangChain 流程機制部署為 REST API 的套件；LangSmith 則是一個開發者平台, 讓您能夠測試、評估和追蹤 LangChain 程式的資料傳輸過程。

1-2 LangChain 組成元件

LangChain 核心的基本組成元件分類如下：

- Model 為模型元件, 擔任整個架構的主要核心, 提供統一的抽象語言模型程式介面整合了多種語言模型, 像是 OpenAI 的 GPT 模型、Google 的 gemini-pro 模型、anthropic 的 claude-3 模型等, 讓你用同樣的程式碼就可以介接不同的語言模型。

- PromptTemplate 為提示模板元件, 主要作為語言模型的輸入, 可以讓你根據模型角色情境快速替換輸入內容給模型。

- Output Parser 為輸出內容解析器元件, 主要處理模型輸出的結果, 例如：要求模型以 JSON 格式輸出結果, 並將輸出結果轉成 Python 的字典, 方便後續程式處理。

- Chain 為流程鏈, 可以將個別元件串接起來, 就可以將原本要自己循序完成的任務依照固定的順序串接起來自動完成, 例如: 原本需要自己依據輸入參數去替換提示內容, 再用 OpenAI API 取得回覆, 就可以使用流程鏈把這兩件事情串接起來一起完成。

- Memory 為記憶功能元件, 讓我們可以儲存對話內容, 並且讓模型依據歷史對話來回答問題, 像是若輸入了『我有一隻狗叫小黑』給模型, 使用記憶功能元件儲存對話內容後, 下次詢問模型時它就能回答出我養的狗的名字。

- Agent 為代理元件, 可以讓模型自行判斷選用並執行我們提供的函式, 不需要額外撰寫程式碼解析模型的回覆再執行函式, 例如: 我們可以提供網路搜尋以及天氣查詢的函式給模型, 當我們詢問天氣時, 模型就會自動選用天氣查詢函式, 查詢出相關天氣資訊。

- Retrieve 為檢索器元件, 可以 RAG(Retrival Augmented Generation, 以檢索資料擴展模型知識的生成方式) 處理不同類型的檔案後檢索出與問題相關聯的部分內容, 提供給模型參考再回覆問題。例如: 給予一份交通規則的 PDF 檔案給模型, 經過 RAG 處理後, 就可以先查詢找出關聯段落跟問題一併送給模型, 模型經過彙整就可以來回答交通規則的相關問題。

你也可以前往 LangChain 的 LangChain 文件問答機器人取得相關知識, 請前往以下網址:

```
https://chat.langchain.com/
```

進入頁面後會看到以下畫面:

❷ 輸入問題　　　**❶ 選擇語言模型**

輸入完問題後回答會如以下畫面：

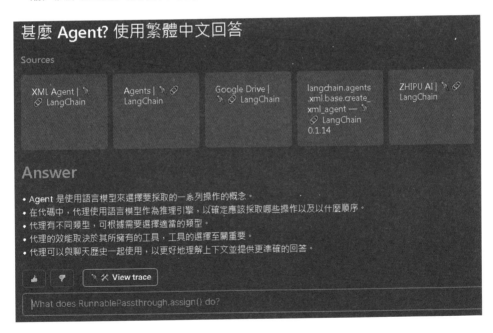

可以看到模型閱讀文件裡的內容來擴充自己的知識，就能夠回答出問題。

透過串接以上不同的組成元件, 你也能夠開發出如同 Chat LangChain 的應用程式。

1-3 註冊 OpenAI API 帳戶

本書我們將使用 OpenAI API 以 OpenAI 模型來當作主要的語言模型, 介紹 LangChain 框架時就會作為主要的核心。

要使用 OpenAI 的付費 API, 必須先註冊帳戶並**建立金鑰**, 實際使用 API 時都是以金鑰認證, 同一帳戶可以建立多個金鑰讓不同的應用程式使用, 便於追蹤個別應用程式的用量或是 API 使用行為模式。現階段我們只需要先建立一個金鑰即可。請先依照以下的步驟登入 OpenAI 開發者平台建立金鑰:

❶ 開啟瀏覽器連線至 http://platform.openai.com/login

❷ 請使用登入 ChatGPT 的帳號密碼

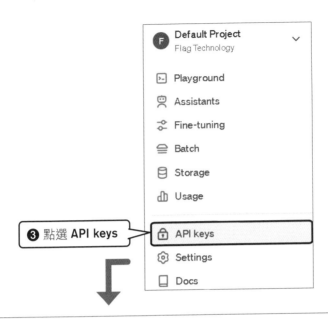

❸ 點選 API keys

Project API keys

Verify your phone number to create an API key

Start verification   **❹ 首次建立 API key 請按此驗證電話**

As an owner of this project, you can view and manage all API keys in this project.

Do not share your API key with others, or expose it in the browser or other client-side code. In order to protect the security of your account, OpenAI may also automatically disable any API key that has leaked publicly.

View usage per API key on the Usage page.

早期用戶在註冊 ChatGPT 時就會要求驗證電話, 這裡就不會出現驗證電話的選項, 可以直接按 **Create new secret key** 建立金鑰。ChatGPT 和 OpenAI API 雖然使用同樣的帳戶, 但卻是分開付費的兩項服務, 目前註冊 ChatGPT 不需要驗證電話, 只有使用 API 才需要驗證。

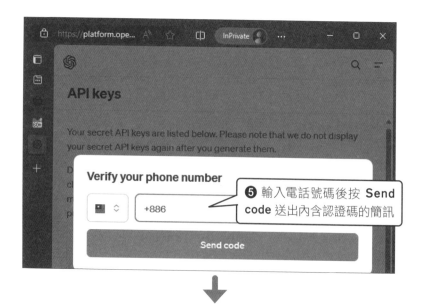

❺ 輸入電話號碼後按 Send code 送出內含認證碼的簡訊

Tip

每個電話號碼只能驗證 3 個帳號, 若還需要驗證其他帳號, 就需要使用不同的電話號碼。

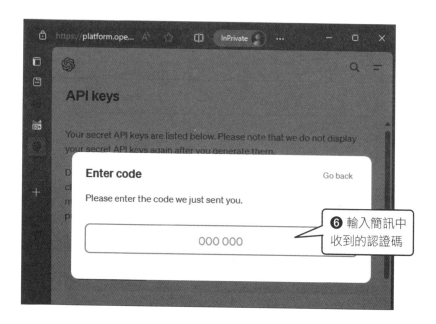

❻ 輸入簡訊中收到的認證碼

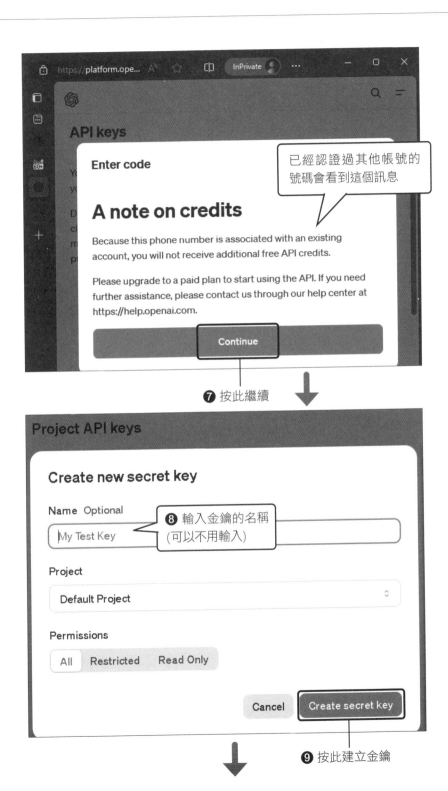

❼ 按此繼續

❽ 輸入金鑰的名稱
(可以不用輸入)

❾ 按此建立金鑰

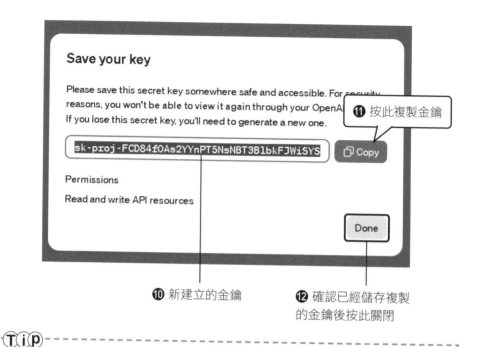

⑩ 新建立的金鑰　　　　　**⑫** 確認已經儲存複製
的金鑰後按此關閉

Tip

請特別留意,確認金鑰複製存檔再關閉此交談窗,關閉後就無法再顯示完整金鑰。

你可以隨時回到此頁面註銷金鑰或是建立新的金鑰,如果剛剛的步驟沒有記錄下金鑰,因為無法重現完整的金鑰內容,就只能建立新的金鑰使用了。

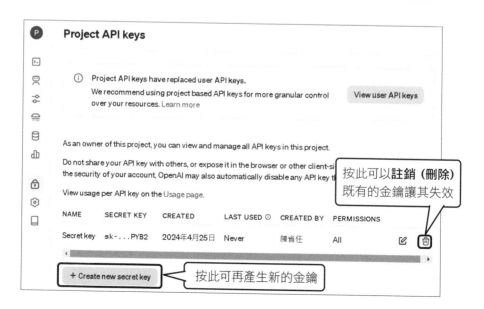

成為付費會員

由於 OpenAI 已經不再提供免費額度, 所以想要使用 OpenAI 的 API, 就必須如下申請付費帳號：

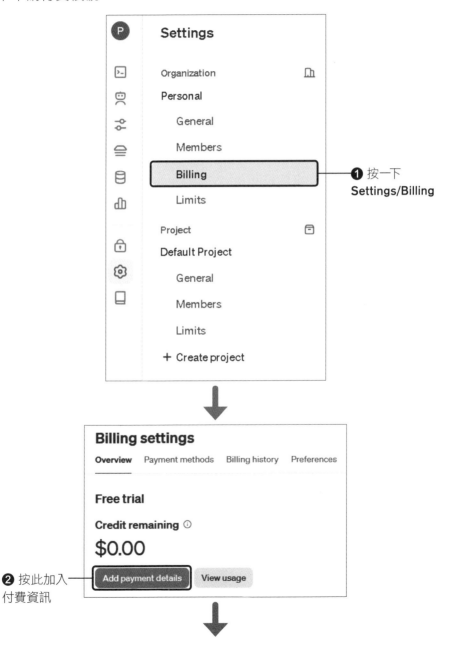

❶ 按一下
Settings/Billing

❷ 按此加入
付費資訊

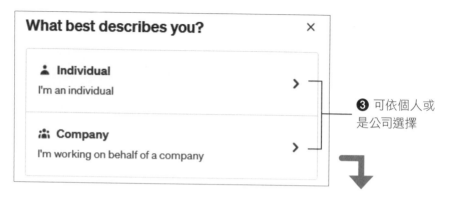

❸ 可依個人或
是公司選擇

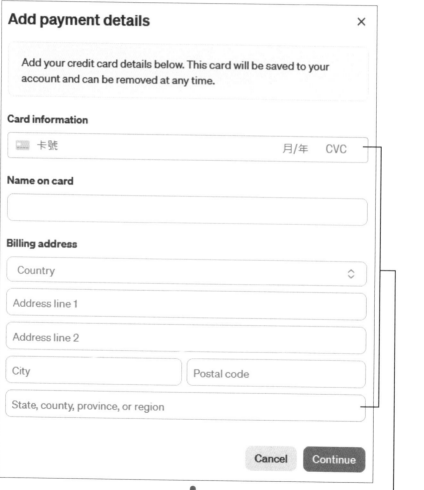

❹ 個人用戶填入信用卡資訊後按此繼續

Add payment details

✕

Add your credit card details below. This card will be saved to your account and can be removed at any time.

Card information

| 💳 卡號 | 月/年 | CVC |

Name on card

Billing address

Country ⌄

Address line 1

Address line 2

City · Postal code

State, county, province, or region

Primary business address

This is the physical address of the company purchasing OpenAI services and is used to calculate any applicable sales tax.

☑ Same as billing address

❺ 公司用戶可額外填入統一編號便於報帳

Business tax ID

If you are a business tax registrant, please enter your business tax ID here.

| 🇹🇼 TW VAT ⌄ | 12345678 |

Cancel   Continue

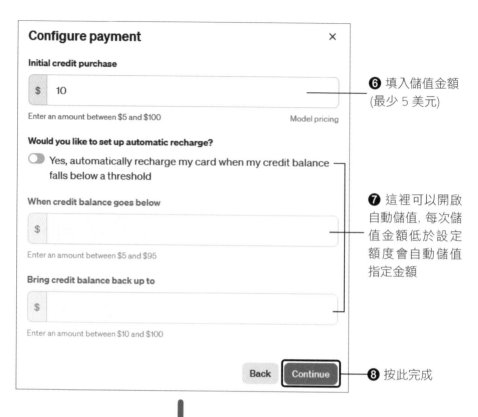

❻ 填入儲值金額
(最少 5 美元)

❼ 這裡可以開啟
自動儲值, 每次儲
值金額低於設定
額度會自動儲值
指定金額

❽ 按此完成

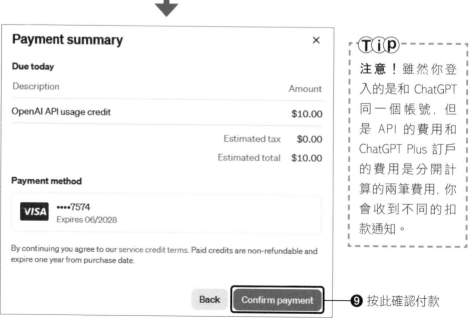

❾ 按此確認付款

檢查目前用量與限制使用額度

你可以隨時透過以下畫面檢視目前用量以及查看目前費用：

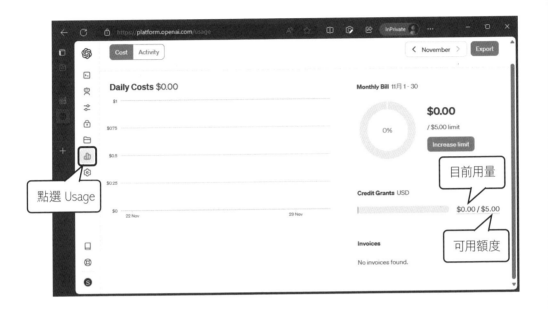

如果擔心費用過多，可以依照以下步驟限制可用額度：

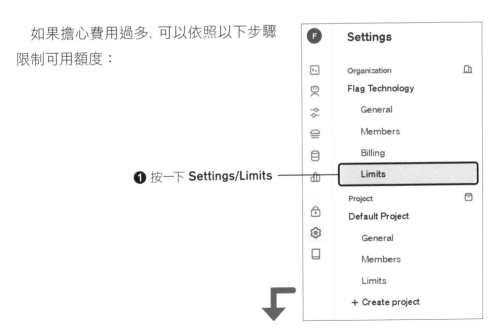

❶ 按一下 Settings/Limits

每月核可的最高額度 (使用
達一定金額後會自動調高)

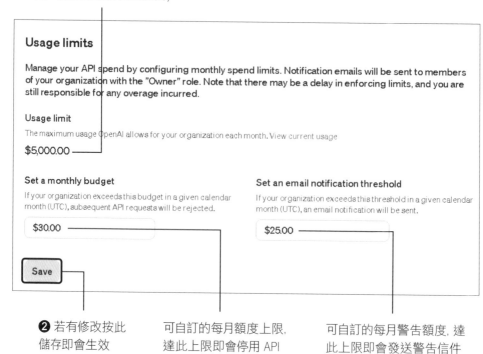

Usage limits

Manage your API spend by configuring monthly spend limits. Notification emails will be sent to members of your organization with the "Owner" role. Note that there may be a delay in enforcing limits, and you are still responsible for any overage incurred.

Usage limit

The maximum usage OpenAI allows for your organization each month. View current usage

$5,000.00

Set a monthly budget

If your organization exceeds this budget in a given calendar month (UTC), subsequent API requests will be rejected.

$30.00

Set an email notification threshold

If your organization exceeds this threshold in a given calendar month (UTC), an email notification will be sent.

$25.00

Save

❷ 若有修改按此
儲存即會生效

可自訂的每月額度上限,
達此上限即會停用 API

可自訂的每月警告額度, 達
此上限即會發送警告信件

如果有設定警告上限, 當使用到該限制時, 會收到以下這樣的通知信:

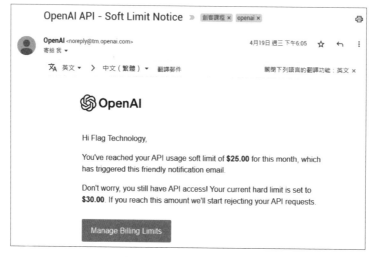

▲ 還未到達額度上限, 仍可使用 API

這時仍然可以使用 API，一旦達到額度上限時，就會再收到這樣的通知信：

按此可開啟額度設定頁面

這時就必須回去調高額度上限才能繼續使用 API。

只要付費會員設定完成並產生完金鑰後，就可以開始使用 API 了。

加油！

CHAPTER **2**

使用官方 LangChain 套件

上一章註冊取得 OpenAI API 的金鑰後, 就可以準備使用 LangChain 包裝的 OpenAI 模組來建立 OpenAI 模型物件, 本章會採用 Colab 環境帶大家從 LangChain 的官方套件開始實作。

2-1 安裝與使用 langchain 套件

LangChain 官方提供的套件稱為 **langchain**, 使用前需要先在你自己的 Python 環境安裝此套件, 以下我們將詳細說明, 請先前往以下網址並選擇本章 Colab 筆記本:

```
https://www.flag.com.tw/bk/t/F4763
```

開啟後請執行 『檔案/在雲端硬碟中儲存副本』 功能表指令將這份筆記本儲存到自己的雲端硬碟上。本書範例主要以 Colab 為測試平台, 減少因為 Python 環境差異造成的問題。

請執行第一個儲存格安裝 langchain 套件

```
1 !pip install langchain
```

安裝完成後會發現多了相關的 langchain-core、langchain-community 和 langsmith 等套件。

這些套件都是 langchain 自動安裝的相依套件, 像是 langchain-core 為 LangChain 底層程式碼以及 LangChain 的表達式語言 LCEL; langchain-community是包裝第三方套件後整合而成的套件, 包含語言模型、外部工具等等; langsmith 是給我們用來監控程式流程的套件, 可以看到物件傳遞以及中間結果。

建立與使用 OpenAI 物件

LangChain 將主要大型語言模型廠商的模型, 如: OpenAI、Google gemini 等等包裝成方便使用的套件。我們將使用 **langchain_openai** 套件, 這是專為 OpenAI 模型設計的套件, 使得在 LangChain 中整合和操作 OpenAI 模型更為簡單。

```
1 !pip install langchain_openai rich
```

安裝之後不必再匯入 openai 模組, 取而代之請匯入 langchain_openai 的 ChatOpenAI 模組。而 rich 為外部套件, 本書將會借助它的顯示功能, 讓物件可以以適當的格式展示物件內的結構, 以便解讀。

請先將以下儲存格內的 "你的金鑰" 字樣替換成上一章取得的金鑰後執行 :

```
1 from langchain_openai import ChatOpenAI
2 # 建立 OpenAI 物件
3 chat_model = ChatOpenAI(model='gpt-3.5-turbo',
4                          api_key='你的金鑰')
```

請替換成你的金鑰

接著介紹 ChatOpenAI 較常用的參數 :

- model : 指定要採用的模型, 預設為 'gpt-3.5-turbo' 模型, 你也可以使用 gpt-4 模型, 不過因為 gpt-4 模型費用遠比 gpt-3.5 高, 本書範例只有在必要時才會指定使用 gpt-4 模型, 本書範例主要使用預設的 ' gpt-3.5-turbo' 模型, 當然你可以自由選擇使用。

Tip

稍後會介紹不同模型的價格表。

- temperature : 與使用 OpenAI API 的方式一樣, 預設是 0.7, 如果設為 0 則每次回覆時不會產生變化。

以下就來看最簡單的範例, 請執行下一格儲存格 :

```
1 response = chat_model.invoke("你好 , 使用繁體中文")
2 print(response)
```

執行結果：

```
content='你好！有什麼問題我可以幫助你解答嗎？' response_metadata={'token_
usage': {'completion_tokens': 26, 'prompt_tokens': 19, 'total_tokens':
45}, 'model_name': 'gpt-3.5-turbo', 'system_fingerprint':
'fp_3b956da36b', 'finish_reason': 'stop', 'logprobs': None} id='run-
a7667051-83fc-46d0-8e2f-124e860fc0fb-0'
```

從這個結果中我們能看到 content 與 response_metadata 屬性, response_metadata 有這次對話的 token 數和模型型號等相關資訊, 但看不出傳回物件的類別。

模型傳回的物件內建有 pretty_print 方法：

```
1 response.pretty_print()
```

以下為執行結果：

```
============ Ai Message ============
你好！有什麼可以幫助你的嗎？
```

我們可以看到以物件類別名稱變化而來的標題, 且會幫你直接顯示 content 屬性內容。但是它的顯示方法卻看不出來回覆內容是在 content 屬性內。

為了能完整看到類別名稱與物件結構, 我們會改用外部套件 rich, rich 模組有改良版本的 print 函式, 可以用語法標色的方式展現物件內的完整結構, 必要時也會加上縮排, 本書之後會以這個方式顯示並觀察物件, 請執行下一個儲存格匯入 rich 模組並使用：

```
1 from rich import print as pprint
2 pprint(response)
```

匯入時取別名為 pprint 以便與內建 print 做區隔。

```
AIMessage(
    content='你好！有什麼問題我可以幫助你解答嗎？',
    response_metadata={
        'token_usage': {'completion_tokens': 26,
                        'prompt_tokens': 19,
                        'total_tokens': 45},
        'model_name': 'gpt-3.5-turbo',
        'system_fingerprint': 'fp_3b956da36b',
        'finish_reason': 'stop',
        'logprobs': None
    },
    id='run-a7667051-83fc-46d0-8e2f-124e860fc0fb-0'
)
```

現在可以完整看到物件類別與屬性。

如同 openai 使用 messages 時會設定 user、system 和 assistant 角色, 在 LangChain 中這三個角色被包裝成 Human、System 和 AI, 且能在不同語言模型中使用。

AIMessage 物件代表 AI 的回覆也就是 assistant 角色。如果想要直接取回覆內容, 只要讀取 content 屬性即可。

OpenAI 模型價格

使用 API 時不論是傳給 API 的訊息還是 API 傳回的訊息都會計費, 本書撰寫時的價目表如下 (每 1M 個 token 的美金價格) :

模型	傳給 API 的訊息	API 傳回的訊息
gpt-4-turbo-0409	$10	$30
gpt-4	$30	$60
gpt-4-32k	$60	$120
gpt-3.5-turbo-0125	$0.5	$1.5

目前的 'gpt-3.5-turbo' 是 0125 的模型型號, 'gpt-4-turbo' 是 0409 的模型型號。

接下來介紹模型物件的其他功能。

傳送多筆訊息

除了傳送單筆訊息以外，也有支援使用 batch 方法傳送多筆訊息，將訊息以串列型式傳遞給模型，模型就會對各個訊息進行回覆。請執行下一個儲存格觀察執行結果：

```
1 pprint(chat_model.batch(["我家小狗叫 lucky，使用繁體中文",
2                          "我家小狗叫什麼？，使用繁體中文"]))
```

執行結果：

```
[
    AIMessage(
        content='Lucky 是我家的小狗,非常可愛。她是一隻混血狗,非常活潑和聰明。
                每天都陪伴著我們，讓我們感到非常快樂。希望她能一直健康快樂地
                陪伴著我們。',
        response_metadata={
            'token_usage': {'completion_tokens': 101,
                            'prompt_tokens': 26,
                            'total_tokens': 127},
            'model_name': 'gpt-3.5-turbo',
            'system_fingerprint': 'fp_3b956da36b',
            'finish_reason': 'stop',
            'logprobs': None
        },
        id='run-a31e151d-7414-4c49-afb5-f607a006366f-0'
    ),
    AIMessage(
        content='抱歉，我無法知道你家小狗叫什麼，因為我沒有辦法知道你家小狗
                的名字。
                如果你告訴我，我可以記住它。',
        response_metadata={
```

```
            'token_usage': {'completion_tokens': 62,
                            'prompt_tokens': 31,
                            'total_tokens': 93},
        'model_name': 'gpt-3.5-turbo',
        'system_fingerprint': 'fp_3b956da36b',
        'finish_reason': 'stop',
        'logprobs': None
    },
    id='run-e5966414-2086-4056-9ded-f350dae568f2-0'
  )
]
```

為了方便閱讀，書上的輸出結果是美化後的樣子。使用這個方法傳遞的多筆訊息並非連續對話，模型會針對個別訊息獨立回覆，所以可以看到模型第二個訊息的回覆明顯不知道第一個訊息的內容。

串流模式

原本的 openai 模組有 stream 參數設定串流輸出，而 LangChain 包裝成 stream 方法更加方便使用。

請執行下一儲存格觀察結果：

```
1 chunks = chat_model.stream("你好，使用繁體中文")
2 print(chunks)
```

執行結果：

```
<generator object BaseChatModel.stream at 0x7c91247d6110>
```

將這個生成器物件加入到 for 迴圈中，就能夠依序印出模型傳回的生成片段內容，請執行下一個儲存格觀察執行結果：

```
1 for chunk in chunks:
2     print(chunk, end="", flush=True)
```

執行結果：

```
content='' id='run-862c7388-0e4c-4a89-b54d-3acff4f6adb6'content='你'
 id='run-862c7388-0e4c-4a89-b54d-3acff4f6adb6'content='好' id='run-
862c7388-0e4c-4a89-b54d-3acff4f6adb6'content=' ！ ' id='run-862c7388-
0e4c-4a89-b54d-3acff4f6adb6'content='有'
（省略）
4a89-b54d-3acff4f6adb6'content=' ？ ' id='run-862c7388-0e4c-4a89-b54d-
3acff4f6adb6'content='' response_metadata={'finish_reason': 'stop'}
id='run-862c7388-0e4c-4a89-b54d-3acff4f6adb6'
```

　　從 id 可以看出是同一次執行結果。在 print 方法中設置 end="" 表示在輸出末尾不加上預設的換行符號。由於 Python 會使用一個內部緩衝區暫存輸出內容，存滿才會輸出，設置 flush=True 可以確保每次使用 print 方法後，就會立即輸出內容。

　　在 chunk 後面加上 content 屬性就可以直接印出內容。

```
1 for chunk in chat_model.stream("你好，使用繁體中文"):
2     print(chunk.content, end="", flush=True)
```

執行結果：

你好！有什麼可以幫助你的嗎？

快取與計費功能

　　如果你經常向語言模型反覆要求相同的內容，那麼快取可以幫助你節省金錢和時間，因為它能減少你發送給模型的請求次數。

　　快取會將回覆結果暫存起來，之後若對模型要求相同的內容時，就會從快取中取回相同的回覆結果，不會再向模型送出請求，所以不需額外花費，也能達到減少運行時間的效果。

模型物件有一個 cache 參數, 設定為 True 後就可以讓模型啟用快取, 請執行下一個儲存格開啟暫存:

```
1 chat_model = ChatOpenAI(model='gpt-3.5-turbo',
2                         api_key='你的金鑰',
3                         cache=True)
```

下面使用 Colab 的 magic command 計算執行時間, 並設定使用記憶體作為快取儲存回覆結果, 請執行下一個儲存格觀察執行結果:

```
1 %%time
2 from langchain.globals import set_llm_cache
3 from langchain.cache import InMemoryCache
4
5 set_llm_cache(InMemoryCache())
6
7 print(chat_model.invoke("你好，使用繁體中文").id)
```

%%time 可以測量儲存格的運行時間。這裡我們使用 set_llm_cache 方法設定模型的快取方式, 並選擇 InMemoryCache 以記憶體作為暫存空間, 以下為執行結果:

```
run-9931ae10-7325-4ceb-9c77-bf2f27b4a522-0
CPU times: user 444 ms, sys: 23.9 ms, total: 468 ms
Wall time: 3.14 s
```

接著再執行一次相同的要求:

```
1 %%time
2 print(chat_model.invoke("你好，使用繁體中文").id)
```

執行結果:

```
run-9931ae10-7325-4ceb-9c77-bf2f27b4a522-0
CPU times: user 1.3 ms, sys: 0 ns, total: 1.3 ms
Wall time: 1.28 ms
```

從兩個執行結果可以觀察出 id 相同但運行時間大量減少, 就是因為是從快取取出前次的回覆內容, 不需要再向模型提出請求的緣故。

剛剛的例子看不出來實際的費用差異, 接著介紹計算 token 數量追蹤金額花費的方式, 可以避免在大量使用模型進行對話後花費過多的金錢。下面會追蹤每一次傳入和傳出模型的 token 使用量並換算成實際金額, 請執行下一個儲存格觀察執行結果:

```
1 from langchain.callbacks import get_openai_callback
2 with get_openai_callback() as cb:
3     result = chat_model.invoke("你好，使用繁體中文 ")
4     print(result.response_metadata['token_usage'])
5     print(result.id)
6     pprint(cb)
```

使用 get_openai_callback 方法計算與追蹤 token 數量最後顯示使用量和金額, 以下為執行結果:

```
{'completion_tokens': 20, 'prompt_tokens': 19, 'total_tokens': 39}
run-9931ae10-7325-4ceb-9c77-bf2f27b4a522-0
Tokens Used: 0
        Prompt Tokens: 0
        Completion Tokens: 0
Successful Requests: 0
Total Cost (USD): $0.0
```

可以看到執行結果為 0, 這是因為剛才使用暫存的方法, 針對一樣的要求內容, 是從暫存空間中取回結果, response_metadata 中的 id 與前次相同, 所以 token_usage 項目是第一次執行時的 token 數量, 而不是這一次耗用的 token 數量, 本次執行不會耗用 token, 使用量和金額都為 0。

我們可以從模型物件關閉暫存, 只要將模型物件的 cache 屬性設定成 False 即可, 請執行下一個儲存格關閉暫存:

```
1 chat_model.cache=False
```

再次執行後就不會顯示為 0：

```
{'completion_tokens': 20, 'prompt_tokens': 19, 'total_tokens': 39}
run-415fbcee-50c1-4971-ae32-97310afda8b0-0
Tokens Used: 39
        Prompt Tokens: 19
        Completion Tokens: 20
Successful Requests: 1
Total Cost (USD): $6.850000000000001e-05
```

同樣的方法也可以計算傳送多筆訊息實際使用的 tokens 和金額，請執行下一個儲存格觀察結果：

```
1 with get_openai_callback() as cb:
2     for content in chat_model.batch(["我家小狗叫 lucky，使用繁體中文",
3                                       "我家小狗叫什麼？，使用繁體中文"]):
4         print(content.content)
5     pprint(cb)
```

執行結果：

```
我家小狗叫 Lucky。
抱歉，我不知道你家小狗叫什麼。可以告訴我嗎？
Tokens Used: 99
        Prompt Tokens: 57
        Completion Tokens: 42
Successful Requests: 2
Total Cost (USD): $0.000141
```

可以試著使用 gpt-4 觀察金額差距，這邊使用 gpt-4-turbo 版本。

```
1 chat_model.model_name='gpt-4-turbo'
2 with get_openai_callback() as cb:
3     print(chat_model.invoke("你好，使用繁體中文").content)
4     pprint(cb)
```

一樣修改模型物件的 model_name 屬性即可更換要使用的模型。

```
你好！有什麼我可以幫助你的嗎？
Tokens Used: 40
        Prompt Tokens: 19
        Completion Tokens: 21
Successful Requests: 1
Total Cost (USD): $0.00082
```

金額上與 3.5 模型花費金額相差很多！

設定與隱藏金鑰的方法

前面的測試裡都是直接在程式碼中寫死金鑰, 這樣在分享程式檔案或是 Colab 筆記本時會洩漏金鑰, Colab 提供有 **Secret 機制**, 可以讓你像設定環境變數那樣建立一組**具名的資料**, 這組資料會跟著你的帳號, 分享筆記本給別人時就不會洩漏出去, 非常適合用來放置金鑰等機密資訊。

建立 openai 模型物件時有以下設定金鑰的方法：

1. 如同剛才執行的儲存格直接在參數 api_key 設定金鑰。

2. 如果沒有透過上述方法, 預設就會尋找名稱為 OPENAI_API_KEY 的環境變數, 並使用它的值作為金鑰。不過在 Colab 上並沒有簡易設定環境變數的功能, 所以本書會將金鑰儲存在 Secret 中, 並在程式碼中需要使用金鑰的地方從 Sercret 讀取出來。

請依照以下步驟在 Secret 中建立一個名稱為 **OPENAI_API_KEY** 的項目：

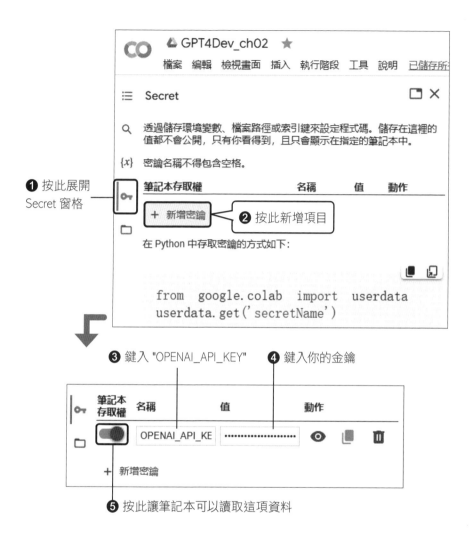

❶ 按此展開 Secret 窗格

❷ 按此新增項目

❸ 鍵入 "OPENAI_API_KEY"　　❹ 鍵入你的金鑰

❺ 按此讓筆記本可以讀取這項資料

　　完成後就可以從 google.colab 中匯入 userdata 模組, 該模組提供有 get 函式可以讀取 Secret 中的項目。請先執行下一個儲存格匯入相關模組:

```
1 # 匯入套件
2 import os
3 from google.colab import userdata
```

　　接著將金鑰直接代入到 ChatOpenAI 並建立物件, 請執行以下儲存格就會直接顯示回覆:

```
1 from langchain_openai import ChatOpenAI
2 chat_model = ChatOpenAI(model='gpt-3.5-turbo',
3                          api_key=userdata.get('OPENAI_API_KEY'))
4 print(chat_model.invoke("你好，使用繁體中文").content)
```

執行結果：

您好！請問有什麼我可以幫助您的嗎？

2-2 與語言模型溝通的藝術 – 提示模板 (PromptTemplate)

LangChain 提供有**提示模板**簡化重複內容, 只替換關鍵部份建立提示的工作, 例如：在提供翻譯功能的應用中,『請用英文翻譯以下文章』這句提示就很可能會因應使用者選用的語言不同而改成『請使用日文翻譯以下文章』或是『使用西班牙文翻譯以下文章』, 這種內容重複性很高的提示, 就可以使用提示模板在需要時快速替換語言部分, 而不需要在程式碼中多次重複幾乎相同的提示內容。

LangChain 中提示模板主要有兩種類型：一種是以單一語句字串為主的『字串提示模板』；另一種則是以對話訊息為主的『對話提示模板』。字串提示模板適用於簡單的提問或命令, 而對話提示模板則適用於需要更多上下文與對話聊天的情境。下面就來介紹兩種模板的用法。

字串提示模板 - PromptTemplate

字串提示模板是以字串為基礎, 所以 LangChain 借用 Python 的 str.format 語法來替換模板內容, 就像我們平常使用 format 代入參數替換值一樣, 字串提示模板也是代入字串替換原本的參數。下面就來實作看看吧！請先執行下一個儲存格匯入類別：

```
1 from langchain.prompts import PromptTemplate
```

接下來就可以建立內含參數的提示模板, 以下範例是要求模型回覆『關於某事物的知識』的提示, 在這裡就把某事物變成可以彈性替換內容的參數, 請執行下一個儲存格觀察結果：

```
1 prompt_template = PromptTemplate(
2     template="告訴我一個關於{topic}的知識",
3     input_variables=["topic"])
4 pprint(prompt_template)
```

使用 PromptTemplate 建立模板, 對參數 template 代入提示, 並對其中需要替換的地方以大括號設定為模板參數, 再傳入串列給 input_variable 標示所有模板參數的名稱, 以下為執行結果：

```
PromptTemplate(input_variables=['topic'], template='告訴我一個關於
{topic}的知識')
```

你可以看到建立了一個 PromptTemplate 類別的物件, 並顯示出完整的提示語, 以及可供替換內容的模板參數。

接著就是使用 format 方法對模板參數代入字串, 請執行下一個儲存格：：

```
1 prompt_string = prompt_template.format(topic="貓咪")
2 print(prompt_string)
```

執行結果：

```
告訴我一個關於貓咪的知識
```

可以看出參數替換成**貓咪**, 而其他文字不變。

以上方式就是 LangChain 使用提示模板替換部分提示內容的方式。

我們也可以使用 invoke 方法代入模板參數, 但要改以字典方式代入參數值, 下面就來看看使用這個方法後與 format 有什麼不同, 請執行下一個儲存格觀察執行結果：

```
1 prompt_value = prompt_template.invoke({"topic":"貓咪"})
2 pprint(prompt_value)
3 print(f"prompt_string : {type(prompt_string)}, \n"
4      f"prompt_value : {type(prompt_value)}")
```

執行結果：

```
StringPromptValue(text='告訴我一個關於貓咪的知識')
prompt_string : <class 'str'>,
prompt_value : <class 'langchain_core.prompt_values.StringPromptValue'>
```

觀察結果可以看出使用 format 結果為字串, 而使用 invoke 則會建立一個 StringPromptValue 物件, 其中的 text 屬性是我們要的提示內容。

前面使用語言模型的 invoke 也可以代入 PromptValue 或其子類別的物件, StringPromptValue 就是它的子類別, 所以這裡我們可以直接代入 prompt_value 到模型中, 請執行下一個儲存格觀察執行結果：

```
1 print(chat_model.invoke(prompt_value).content)
```

執行結果：

貓咪的睡眠時間比人類要多得多, 一般情況下, 貓咪每天會睡 12 到 16 個小時, 有些貓甚至可能睡上 20 個小時。這是因為貓咪的身體構造和生活習慣使它們需要更多的休息時間來保持活力和健康。

與代入字串一樣可以取得回覆。以參數替換部分提示語的方式讓整個程式運行起來非常方便。

除了直接在 PromptTemplate 中代入提示和模板參數, 也可以使用 from_template 方法建立 PromptTemplate 物件, 建立物件時會更加方便, 請執行下一個儲存格觀察結果：

```
1 prompt = PromptTemplate.from_template("告訴我一個關於{topic}的知識")
2 pprint(prompt)
```

使用 from_template 方法可以直接從提示中解析出內含的模板參數, 不必再另外設定 input_variables 參數。

```
PromptTemplate(input_variables=['topic'], template='告訴我一個關於
{topic}的知識')
```

既有的提示模板如果需要增加內容時, 可以試試以下的作法, 請執行下一個儲存格：

```
1 prompt = (
2     PromptTemplate.from_template("告訴我一個關於{topic}的知識")
3     + ", 試著以{role}的角度說明"
4 )
5 pprint(prompt)
```

使用 + 運算來增加提示內容, 執行結果如下：

```
PromptTemplate(input_variables=['role', 'topic'], template='告訴我一個
關於{topic}的知識, 試著以{role}的角度說明')
```

從結果可以看到新增加的提示內容與內含的模板參數。

我們再次使用 invoke 方法替換模板參數, 並傳給模型取得回覆, 請執行下一個儲存格觀察執行結果：

```
1 prompt_value = prompt.invoke({"topic":"洗手", "role":"老師對兒童"})
2 print(chat_model.invoke(prompt_value).content)
```

執行結果：

洗手是一個非常重要的健康習慣，它可以幫助我們預防疾病和保持我們的身體健康。當我們不小心碰到細菌或病毒時，這些細菌或病毒可能會附著在我們的手上。如果我們不及時洗手，這些細菌或病毒可能會進入我們的身體，讓我們生病。

所以，當我們玩完了戶外遊戲、上完廁所、接觸了動物，或者回到家裡時，都應該要及時洗手。洗手的方法是用肥皂和水搓洗雙手，搓洗的時間應該要持續 20 秒，這樣才能徹底清潔雙手。記得要洗淨雙手的每個部位，包括指尖、手背、手指間，這樣才能確保雙手是乾淨的。

所以，同學們，記得要經常洗手喔！這樣才能保護自己和他人的健康。

對話提示模板 - ChatPromptTemplate

剛才介紹的字串提示模板都是使用單一句子而不是完整的對話。使用於聊天對話的模板是對話提示模板，專門處理前面介紹過的 Human、System 和 AI 三個角色組成的聊天對話，請先執行下一個儲存格匯入類別：

```
1 from langchain_core.prompts import ChatPromptTemplate
```

接著就來建立 ChatPromptTemplate 物件，代入以串列形式建立而成的對話訊息，請執行下一個儲存格建立物件：

```
1 chat_template = ChatPromptTemplate.from_messages(
2     [
3         ("system", "你是一位很會教{topic}的老師."),
4         ("human", "可以再說一次嗎？"),
5         ("ai", "好的，我再講解一次"),
6         ("human", "{input}"),
7     ]
8 )
9 pprint(chat_template)
```

使用 from_messages 方法建立對話提示模板物件, 要以 tuple 建立個別角色的訊息並且將要替換的部分設為模板參數, 最後包起來形成對話訊息串列, 以下為執行結果:

```
ChatPromptTemplate(
    input_variables=['input', 'topic'],
    messages=[
        SystemMessagePromptTemplate(
            prompt=PromptTemplate(input_variables=['topic'],
                                  template='你是一位老師很會教{topic}.')
        ),
        HumanMessagePromptTemplate(
            prompt=PromptTemplate(input_variables=[],
                                  template='可以再說一次嗎？')),
        AIMessagePromptTemplate(
            prompt=PromptTemplate(input_variables=[],
                                  template='好的，我再講解一次')),
        HumanMessagePromptTemplate(
            prompt=PromptTemplate(input_variables=['input'],
                                  template='{input}'))
    ]
)
```

可以看到建立的 ChatPromptTemplate 物件與 PromptTemplate 物件都有 input_variables, 但其他屬性卻不同, ChatPromptTemplate 物件以訊息串列為基礎, 裡面包含個別角色建立的訊息提示模板, 個別角色專屬的訊息模板稍後會介紹。

建立好物件後就來代入參數, 這裡使用 format_messages 替換對話訊息中的參數, 與字串提示模板的 format 用法相同, 請執行下一個儲存格代入參數:

```
1 messages_list = chat_template.format_messages(
2                                           topic="數學",
3                                           input="什麼是三角函數？")
4 pprint(messages_list)
```

執行結果：

```
[
    SystemMessage(content='你是一位老師很會教數學．'),
    HumanMessage(content='可以再說一次嗎？'),
    AIMessage(content='好的，我再講解一次'),
    HumanMessage(content='什麼是三角函數？')
]
```

結果會是訊息物件的串列，可以看出參數已被替換為我們輸入的值。

我們也可以使用 invoke 方法以字典形式代入參數，並比較與使用 format_messages 上的差異，請執行下一個儲存格觀察執行結果：

```
1 messages_value = chat_template.invoke({"topic":"數學",
2                                         "input":"什麼是三角函數？"})
3 pprint(messages_value)
4 print(f"messages_string : {type(messages_string)}, \n"
5       f"messages_value : {type(messages_value)}")
```

執行結果：

```
ChatPromptValue(
    messages=[
        SystemMessage(content='你是一位老師很會教數學．'),
        HumanMessage(content='可以再說一次嗎？'),
        AIMessage(content='好的，我再講解一次'),
        HumanMessage(content='什麼是三角函數？')
    ]
)
messages_string : <class 'list'>,
messages_value : <class 'langchain_core.prompt_values.ChatPromptValue'>
```

從結果可以得出以 format_messages 得到的是一組訊息串列，而使用 invoke 是得到一個 ChatPromptValue 物件，這兩者都能傳入語言模型的 invoke 方法使用。

前面字串提示模板已經代入過字串和 PromptValue 給語言模型, 這次就使用訊息串列來觀察結果 :

```
1 print(chat_model.invoke(messages_list).content)
```

執行結果 :

三角函數是一組描述角度和三角形之間關係的數學函數。常見的三角函數有正弦函數 (sin)、餘弦函數 (cos)、正切函數 (tan)、以及它們的倒數函數。這些函數在幾何學、三角學、物理學和工程學等領域中都有廣泛的應用。

這樣模型的 invoke 方法的三種類型參數都使用過了, 也知道對話提示模板與三個角色間的互動方式, 接著進一步說明三個角色對應的模板物件。

角色物件

從前面的 ChatPromptTemplate 範例可以發現物件結構中包含有 SystemMessagePromptTemplate、HumanMessagePromptTemplate 和 AIMessagePromptTemplate 三種訊息提示模板物件, 這些訊息提示模板的作用與字串提示模板相同, 都是以單一字串為主, 而代入模板參數後就會轉換成相對應的 SystemMessage、HumanMessage 和 AIMessage 三種訊息物件。

使用這些物件我們可以輕鬆地建立不同角色、可替換部分內容的訊息提示模板。再組合成對話提示模板後, 即可代入參數替換內容形成訊息物件串列傳遞給語言模型進行處理。

了解訊息物件、訊息提示模板物件和對話提示模板物件之間如何傳遞參數後, 下面先從訊息物件開始介紹, 請先執行下一個儲存格匯入相關類別 :

```
1 from langchain.schema import AIMessage, HumanMessage, SystemMessage
```

接著來看看直接由訊息物件構成對話提示模板物件，請執行下一個儲存格觀察執行結果：

```
1 prompt = ChatPromptTemplate(
2     messages=[SystemMessage(content="你是一名醫生"),
3               HumanMessage(content="我生病了"),
4               AIMessage(content="哪裡不舒服")]
5 )
6 pprint(prompt)
```

使用上可以直接代入訊息物件串列到 ChatPromptTemplate 的參數 messages，即可建立對話提示模板物件，結果如下：

```
ChatPromptTemplate(
    input_variables=[],
    messages=[
        SystemMessage(content='你是一名醫生'),
        HumanMessage(content='我生病了'),
        AIMessage(content='哪裡不舒服')
    ]
)
```

由於沒有設定模板參數所以 input_variables 為空值，而 messages 就是由訊息物件所組成的串列。

也可以簡化成用 + 運算串接建立對話提示模板物件，請執行下一個儲存格觀察簡化的程式碼：

```
1 prompt = (
2     SystemMessage(content="你是一名醫生") +
3     HumanMessage(content="我生病了") +
4     AIMessage(content="哪裡不舒服")
5 )
6 pprint(prompt)
```

執行結果：

```
ChatPromptTemplate(
    input_variables=[],
    messages=[
        SystemMessage(content='你是一名醫生'),
        HumanMessage(content='我生病了'),
        AIMessage(content='哪裡不舒服')
    ]
)
```

得到與前面相同的物件結構。

接下來就可以代入到模型中，一樣使用 format_message 方法。因為沒有模板參數，所以不需要傳入任何模板參數，這樣就會直接得到 messages 串列，最後傳給模型取得回覆，請執行下一個儲存格取得回覆：

```
1 print(chat_model.invoke(prompt.format_messages()).content)
```

執行結果：

我很抱歉聽到這個消息。你有什麼症狀？

接著介紹訊息提示模板的用法，請先執行下一個儲存格匯入訊息提示模板相關類別：

```
1 from langchain.prompts import (
2     SystemMessagePromptTemplate,
3     HumanMessagePromptTemplate,
4     AIMessagePromptTemplate,
5 )
```

訊息提示模板物件可以與訊息物件搭配使用，以下範例加入一個 Human 訊息提示模板讓我們可以代入模板參數，請執行下一個儲存格：

```
1 prompt = (
2     SystemMessage(content="你是一名醫生") +
3     HumanMessage(content="我生病了") +
```

```
4    AIMessage(content="哪裡不舒服") +
5    HumanMessagePromptTemplate.from_template("{input}")
6 )
7 pprint(prompt)
```

使用 + 運算一樣可以串接訊息提示模板, 建立訊息提示模板與字串提示模板時相同, 可以使用 from_template 方法傳入字串建立, 以下為執行結果：

```
ChatPromptTemplate(
    input_variables=['input'],
    messages=[
        SystemMessage(content='你是一名醫生'),
        HumanMessage(content='我生病了'),
        AIMessage(content='哪裡不舒服'),
        HumanMessagePromptTemplate(
            prompt=PromptTemplate(input_variables=['input'],
                                  template='{input}'))
    ]
)
```

可以看到 HumanMessagePromptTemplate 物件是以 PromptTemplate 為基礎建立的。由於具有模板參數, 所以可以看到 input_variable 屬性會顯示參數 input。

接著給模板參數代入值後就會變成訊息串列, 請執行下一個儲存格代入參數：

```
1 pprint(prompt.format_messages(input="我頭痛"))
```

執行結果：

```
[
    SystemMessage(content='你是一名醫生'),
    HumanMessage(content='我生病了'),
    AIMessage(content='哪裡不舒服'),
    HumanMessage(content='我頭痛')
]
```

HumanMessagePromptTemplate 也可以省略成字串, 如以下程式碼和執行結果:

```
1 prompt = (
2     SystemMessage(content="你是一名醫生") +
3     HumanMessage(content="我生病了") +
4     AIMessage(content="哪裡不舒服") +
5     "{input}"
6 )
7 pprint(prompt)
```

執行結果:

```
ChatPromptTemplate(
    input_variables=['input'],
    messages=[
        SystemMessage(content='你是一名醫生'),
        HumanMessage(content='我生病了'),
        AIMessage(content='哪裡不舒服'),
        HumanMessagePromptTemplate(
            prompt=PromptTemplate(input_variables=['input'],
                                  template='{input}'))
    ]
)
```

2-3 | 提示模板的進階變化

剛才介紹了提示模板基本的用法, 認識了兩種提示模板的不同還有模板參數的用法, 接下來我們將介紹進階的使用方法。

固定提示模板的部分參數

當提示模板中有多個參數時, 我們可能會希望可以固定其中某些參數值不變, 並建立成新的模板, 那麼就可以使用固定部分參數的方式。請先執行下一個儲存格建立字串提示模板物件:

```
1 prompt = PromptTemplate(template="試著以{role}的角度，"
2                                   "告訴我一個關於{topic}的知識",
3                         input_variables=["role", "topic"])
4 pprint(prompt)
```

執行結果：

```
PromptTemplate(input_variables=['role', 'topic'], template='試著以
{role}的角度，告訴我一個關於{topic}的知識')
```

如前面建立的方式一樣。

建立好物件後，可以使用 partial 方法代入值去固定特定的模板參數建立新的模板，請執行下一個儲存格進行固定：

```
1 partial_prompt = prompt.partial(topic="洗手")
2 pprint(partial_prompt)
```

這裡固定 topic 參數。

```
PromptTemplate(
    input_variables=['role'],
    partial_variables={'topic': '洗手'},
    template='試著以{role}的角度，告訴我一個關於{topic}的知識'
)
```

可以看到物件結構中增加了 partial_variables 屬性，表示已經設定好要固定的參數，這個 partial_variables 也可以在建立物件時以參數代入：

```
1 prompt = PromptTemplate(template="試著以{role}的角度，"
2                                   "告訴我一個關於{topic}的知識",
3                         input_variables=["role"],
4                         partial_variables={"topic":"洗手"})
5 pprint(prompt)
```

執行結果：

```
PromptTemplate(
    input_variables=['role'],
    partial_variables={'topic': '洗手'},
    template='試著以{role}的角度，告訴我一個關於{topic}的知識'
)
```

最後代入值給模板參數：

```
1 print(partial_prompt.format(role="老師對兒童"))
```

執行結果：

告訴我一個關於洗手的知識，試著以老師對兒童的角度說明

可以看到我們不用再代入 topic 參數，就能在提示語中看到**洗手**。

對話提示模板物件也一樣可以使用 partial 方法固定參數，請先執行下一個儲存格建立物件：

```
1 chat_template = ChatPromptTemplate.from_messages(
2     [
3         ("system", "試著以{role}的角度說明"),
4         ("human", "告訴我一個關於{topic}的知識"),
5     ]
6 )
7 pprint(chat_template)
```

執行結果：

```
ChatPromptTemplate(
    input_variables=['role', 'topic'],
    messages=[
        SystemMessagePromptTemplate(
            prompt=PromptTemplate(input_variables=['role'],
                                  template='試著以{role}的角度說明')
        ),
```

```
        HumanMessagePromptTemplate(
            prompt=PromptTemplate(input_variables=['topic'],
                                  template='告訴我一個關於{topic}的知識')
        )
    ]
)
```

接著使用 partial 方法固定參數：

```
1 chat_partial_prompt = chat_template.partial(topic="洗手")
2 pprint(chat_partial_prompt)
```

執行結果：

```
ChatPromptTemplate(
    input_variables=['role'],
    partial_variables={'topic': '洗手'},
    messages=[
        SystemMessagePromptTemplate(
            prompt=PromptTemplate(input_variables=['role'],
                                  template='試著以{role}的角度說明')
        ),
        HumanMessagePromptTemplate(
            prompt=PromptTemplate(input_variables=['topic'],
                                  template='告訴我一個關於{topic}的知識')
        )
    ]
)
```

一樣可以從物件結構中看到 partial_variables 屬性。

下面也一樣代入參數觀察執行結果：

```
1 print(chat_partial_prompt.format_messages(role="老師對兒童"))
```

執行結果：

```
[SystemMessage(content='試著以老師對兒童的角度說明'),
 HumanMessage(content='告訴我一個關於洗手的知識')]
```

以函式自動加入最新內容

參數除了可以代入固定內容的資料外, 還可以代入函式返回值, 下面將透過時間函式返回現在時間, 由於 datetime 模組中的 now 方法會依據系統時區轉換時間, 但 Colab 並不是採用台北時區, 會取得 UTC 世界協調時間, 而不是台灣標準時間。我們會使用 pytz 模組先設定成台北時區, 請先安裝及匯入相關套件 :

```
1 import pytz
2 from datetime import datetime
3 timezone = pytz.timezone('Asia/Taipei')
```

使用 timezone 方法設定台北時區。

Tip

Colab 預先安裝有 pytz 套件, 如果你要在自己的機器執行, 就要先使用 pip 安裝 pytz 套件

接著建立取得現在時間的函式, 請執行下一個儲存格建立並測試函式 :

```
1 def get_datetime():
2     now = datetime.now(timezone)
3     return now.strftime("%Y/%m/%d, %H:%M:%S")
4 print(get_datetime())
```

使用 now 方法依據時區取得現在時間, 最後返回字串, 以下為執行結果 :

```
2024/02/20, 18:06:28
```

設定好時區後, 就可以建立提示模板物件, 請執行下一個儲存格建立字串提示模板物件 :

```
1 prompt = PromptTemplate.from_template(
2    "現在時間是：{date}")
3 partial_prompt = prompt.partial(date=get_datetime)
4 pprint(partial_prompt)
```

使用 from_ template 方法建立物件, 再使用 partial 方法固定參數 date, 讓它會固定取回 get_datetime 函式的返回值, 以下為執行結果：

```
PromptTemplate(
    input_variables=[],
    partial_variables={'date': <function get_datetime at 0x77feb20bc8b0>},
    template='現在時間是：{date}'
)
```

從結果可以看到參數固定為 get_datetime 函式了, 且因為唯一參數被固定, 所以 input_variables 為空。

再來就來顯示完整提示語, 使用字串提示模板的 format 方法, 且因為 input_variables 為空所以不需要傳入參數, 請執行下一個儲存格觀察結果：

```
1 pprint(partial_prompt.format())
```

執行結果：

```
現在時間是：2024/02/20, 18:06:31
```

現在你可以對模型傳送有現在時間的提示語了！

如果再重新執行一次, 會發現代入的時間會變更：

```
1 pprint(partial_prompt.format())
```

執行結果：

現在時間是：`2024/02/20, 18:06:41`

這是因為實際代入時會執行指定的函式, 所以會重新取得時間。這正好可以說明固定部分參數的一種用途, 利用固定成函式的作法, 實際產生提示時不再需要手動變更代入的內容, 而是由指定的函式自動變化代入內容。

提示模板中的佔位訊息

在對話提示模板中如果需要放入一串可隨時變動的對話, 可以使用 MessagesPlaceholder 類別, 設定可代入訊息串列的參數。

下面會建立根據限制字數總結對話的提示, 我們希望可以隨時代入對話內容進行總結, 所以使用 MessagesPlaceholder, 下面就來實作看看, 請執行下一個儲存格匯入類別並建立對話提示模板：

```
 1 from langchain.prompts import MessagesPlaceholder
 2
 3 human_prompt = "用 {word_count} 個字總結我們迄今為止的對話"
 4 human_message_template = HumanMessagePromptTemplate.from_template(
 5                                                     human_prompt)
 6 chat_prompt = ChatPromptTemplate.from_messages(
 7     [MessagesPlaceholder(variable_name="conversation"),
 8      human_message_template]
 9 )
10 pprint(chat_prompt)
```

在這段程式中, 我們先建立最後一句話的提示, 它決定對話會以多少個字做總結。接著建立對話提示模板物件, 由於不確定要總結的對話內容, 所以使用佔位訊息物件設置名稱為 conversation 的參數, 之後就可以代入實際對話訊息進行總結, 完成後結果如下：

```
ChatPromptTemplate(
    input_variables=['conversation', 'word_count'],
    input_types={
        'conversation': typing.List[typing.Union[
            langchain_core.messages.ai.AIMessage,
            langchain_core.messages.human.HumanMessage,
            langchain_core.messages.chat.ChatMessage,
            langchain_core.messages.system.SystemMessage,
            langchain_core.messages.function.FunctionMessage,
            langchain_core.messages.tool.ToolMessage]]
    },
    messages=[
        MessagesPlaceholder(variable_name='conversation'),
        HumanMessagePromptTemplate(
            prompt=PromptTemplate(
                input_variables=['word_count'],
                template='用 {word_count} 個字總結我們迄今為止的對話'
            )
        )
    ]
)
```

可使用的訊息物件類型

因為使用佔位物件設定參數，所以還會多出 input_type 屬性，顯示出此參數可以代入的物件類型，也會在 messages 中看到 MessagesPlaceholder 物件和設定的參數 conversation。

接下來就將對話訊息插入到模板參數中，請執行下一個儲存格建立相關訊息物件：

```
 1 human_message = HumanMessage(content=" 學習程式設計的最佳方法是什麼？ ")
 2 ai_message = AIMessage(
 3     content="""\
 4 1. 選擇程式語言：決定想要學習的程式語言。
 5
 6 2. 從基礎開始：熟悉變數、資料類型和控制結構等基本程式設計概念。
 7
 8 3. 練習、練習、再練習：學習程式設計最好的方法是透過實作經驗\
 9 """
10 )
```

```
11
12 new_chat_prompt = chat_prompt.format_prompt(
13                     conversation=[human_message, ai_message],
14                     word_count="20")
15 pprint(new_chat_prompt)
```

以學習程式設計為主題, 建立 Human 和 AI 訊息物件, 接著將剛才建立的
對話提示模板物件以 format_prompt 方法, 將Human 和 AI 訊息物件代入到
conversation 模板參數中, 而 word_count 則代入20 表示以 20 字作總結, 最後
建立成 ChatPromptValue 物件。結果如下：

```
[
    HumanMessage(content='學習程式設計的最佳方法是什麼？'),
    AIMessage(
        content='1. 選擇程式語言：決定想要學習的程式語言。\n\n2. 從基礎開始：
                熟悉變數、資料類型和控制結構等基本程式設計概念。\n\n3. 練習、
                練習、再練習：學習程式設計最好的方法是透過實作經驗'
    ),
    HumanMessage(content='用 20 個字總結我們迄今為止的對話')
]
```

取得訊息串列後, 一樣可以代入到語言模型中將對話總結到20字以內, 請
執行下一個儲存格觀察結果：

```
1 print(chat_model.invoke(new_chat_prompt).content)
```

執行結果：

學習程式設計需要選擇語言、建立基礎，並透過不斷的實作經驗來提高技能。

觀察結果可以發現的確有總結核心內容, 但限制在 20 字以內的要求並沒
有確實達成, 最終還是超過了字數。

認識輸出內容解析器 (Output Parsers)

模型的問答流程通常是我們提出問題, 模型理解問題之後回答。既然提問時可以透過模板客製內容, 那麼回覆應該也可以客製結果, 例如:讓模型依照 JSON 格式來回答, 我們就可以將回答內容轉換成 Python 字典, 以便交給程式處理。在 LangChain 中可以透過 Output Parsers (輸出內容解析器) 規範回答格式, 並且轉換成適當結構的資料。

輸出文字格式的回覆內容

建立好模型物件與提示模板後接著來建立輸出內容解析器, 這裡使用的輸出內容解析器輸出格式為字串, 請執行下一個儲存格匯入類別並建立物件:

```
1 from langchain_core.output_parsers import StrOutputParser
2 str_parser = StrOutputParser()
```

接著請模型提供一個國家的名稱和首都:

```
1 message = chat_model.invoke("請提供一個國家的名稱和首都, 使用台灣語言")
2 print(message.content)
```

執行結果:

```
國家:法國
首都:巴黎
```

我們希望能夠直接取得 content 屬性的內容, 所以使用輸出內容解析器的 invoke 方法將模型回覆以字串格式輸出, 請執行下一個儲存格:

```
1 print(str_parser.invoke(message))
```

執行結果：

```
國家：法國
首都：巴黎
```

對於訊息物件 StrOutputParser 會幫你取出 content 屬性輸出，就不需要額外讀取屬性。如果傳送字串給 StrOutputParser，它會原封不動傳回。

輸出 JSON 格式的內容

以字串輸出看起來好像沒甚麼了不起，下一個範例我們就改用 JSON 輸出內容解析器來看看輸出結果。

請執行下一個儲存格建立針對 JSON 格式的輸出內容解析器物件：

```
1 from langchain_core.output_parsers import JsonOutputParser
2 json_parser = JsonOutputParser()
3 format_instructions = json_parser.get_format_instructions()
4 print(format_instructions)
```

建立 JsonOutputParser 物件後，可以使用 get_format_instructions 方法查看搭配運作要求模型輸出指定格式的提示內容，以下為執行結果：

```
Return a JSON object.
```

LangChain 預設會以英文撰寫提示，本例就是要求模型回覆時要生成 JSON 物件，後面會介紹如何建立自定義輸出內容解析器，即可改用中文提示。

> **Tip**
> StrOutputParser 輸出內容解析器沒有要求輸出格式的提示，因為它不需要模型輸出特定格式的內容，只接受字串或是訊息物件，並取出內容字串輸出。

接著代入到模型中看看模型傳回來的是不是 JSON 格式, 請執行下一個儲存格觀察結果:

```
1 message = chat_model.invoke("請提供一個國家的名稱和首都,"
2                    f"{format_instructions}, 使用台灣語言")
3 pprint(message.content)
```

執行結果:

```
{
    "國家": "法國",
    "首都": "巴黎"
}
```

根據結果可以看到一個符合 JSON 語法的字串, 接下來就要讓輸出內容解析器讓它轉成 Python 字典, 請執行下一個儲存格:

```
1 json_output = json_parser.invoke(message)
2 print(json_output)
```

以下為執行結果:

```
{'國家': '法國', '首都': '巴黎'}
```

有了輸出內容解析器, 要讓模型產生特定格式的結果就很方便了, 只要加入輸出內容解析器提供的提示即可。

串接輸出內容解析器

介紹完輸出內容解析器最直接的用法後, 接下來會將提示模板、語言模型和輸出內容解析器串接起來, 形成一個完整的模型回覆流程。

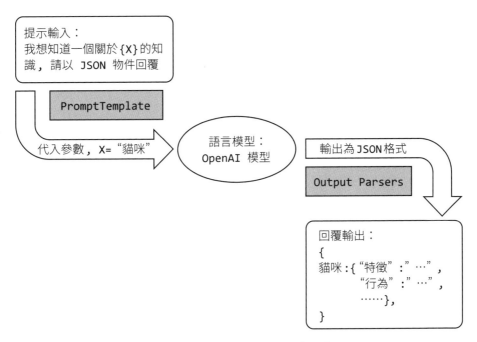

▲ 一個模型完整的輸入與輸出程序

　　我們將建立一個字串提示模板, 內含輸出內容解析器所需的輸出格式提示, 然後將它交給模型處理並得到回覆, 最後對回覆的內容進行轉換, 請先執行下一個儲存格建立字串提示模板:

```
1 prompt = PromptTemplate.from_template(
2     "請提供一個國家的名稱、首都和{feature}, "
3     "{format_instructions}, 使用台灣語言")
```

　　使用 from_template 方法建立字串提示模板, 這邊加入 format_instructions 參數給提示模板, 待會兒會設定為剛剛取得的 JSON 格式提示成為固定參數。

　　接著使用 partial 方法將 JSON 格式提示固定在提示模板中:

```
1 prompt = prompt.partial(format_instructions=format_instructions)
```

有了提示模板物件後就能代入參數，這邊代入 "知名景點" 並交給模型進行回答，請執行下一個儲存格觀察結果：

```
1 message = chat_model.invoke(prompt.invoke({"feature":"知名景點"}))
2 print(messages.content)
```

執行結果：

```
{
    "國家": "法國",
    "首都": "巴黎",
    "知名景點": "埃菲爾鐵塔"
}
```

可以看到結果是一個 JSON 格式字串，一樣使用 invoke 方法轉換成 Pyhton 字典，請執行下一格儲存格：

```
1 json_output = json_parser.invoke(message)
2 print(json_output)
```

執行結果：

```
{'國家': '日本', '首都': '東京', '知名景點': '富士山'}
```

這樣就完成 JSON 格式輸出啦！

輸出 CSV 格式的內容

除了 JSON 格式以外還有其他不同的格式輸出，這裡再介紹一個常用的格式 —以逗號區隔個別項目的清單 (comma separated values, 簡稱 CSV)。使用這種格式時，LangChain 會要求模型輸出一串資料，並在每項資料後面加上逗號區隔。下面就以範例說明，請執行下一個儲存格匯入類別：

```
1 from langchain_core.output_parsers import (
2     CommaSeparatedListOutputParser)
```

匯入類別後就來建立物件，並使用 get_format_instructions 方法觀察搭配運作的輸出格式提示，請執行下一個儲存格建立物件：

```
1 list_parser = CommaSeparatedListOutputParser()
2 print(list_parser.get_format_instructions())
```

執行結果：

```
Your response should be a list of comma separated values, eg: `foo,
bar, baz`
```

與剛才的 JSON 格式相同都是用英文書寫提示，這邊的意思是說回覆應該使用逗號分隔個別項目的一串資料，最後面也有一個範例加強提示效果。

接著就來建立字串提示模板並讓模型依照指定的格式回覆結果，請執行下一個儲存格觀察執行結果：

```
1 # 創建提示模板
2 prompt = PromptTemplate.from_template(
3     "請說出國家 {city} 的知名景點 \n{instructions}"
4 ).partial(instructions=list_parser.get_format_instructions())
5 response = chat_model.invoke(prompt.format(city='日本'))
6 print(response.content)
```

同剛才建立物件的概念，以固定部分參數的方式將輸出格式的提示代入，最後代入到模型中得到回覆，以下為執行結果：

```
富士山，京都清水寺，東京迪士尼樂園，奈良公園，金閣寺，原爆圓頂，東京晴空塔，
北海道，京都嵐山，大阪城
```

可以看到結果為以逗號分隔元素的清單，符合輸出內容解析器要求的格式，只要使用 invoke 方法就可以將字串轉換為串列啦！請執行下一個儲存格：

```
1 pprint(list_parser.invoke(response))
```

執行結果：

```
[
    '富士山',
    '京都清水寺',
    '東京迪士尼樂園',
    '奈良公園',
    '金閣寺',
    '原爆圓頂',
    '東京晴空塔',
    '北海道',
    '京都嵐山',
    '大阪城'
]
```

以上就是輸出內容解析器的簡單使用方式，接下來會講解如何自訂輸出格式，而不僅僅是 JSON 或是串列。

自訂輸出格式

在 Python 中可以使用 Pydantic 套件規範型別，而 LangChain 也對此套件做了包裝，讓使用者可以用 Pydantic 模組客製輸出的格式。

Pydantic 的主要功能是允許我們宣告類別屬性的型別，建立此類別的物件時 Pydantic 就會檢驗此物件的屬性型別是否與宣告的型別相符。利用這個方式可以客製模型的輸出格式，下面我們將透過程式進一步說明，請先執行下一個儲存格匯入相關資源：

```
1 from typing import List
2 from langchain.output_parsers import PydanticOutputParser
3 from langchain_core.pydantic_v1 import BaseModel, Field
```

Python 的 typing 模組提供多種型別, 稍後將使用其中的串列 (List) 型別。Pydantic 套件在 LangChain 中被包裝為一個模組, 方便我們使用, 利用 Pydantic 的 BaseModel, 我們可以宣告類別和其屬性, 而 Field 則用於描述這些屬性的具體意義和用途。

了解後就來宣告包含旅遊計畫的類別, 讓模型能根據使用者的要求來規劃旅遊目的地、活動、預算和住宿, 請執行下一個儲存格宣告類別:

```
1 class TravelPlan(BaseModel):
2     destination: str = Field(description="旅遊目的地，如日本北海道")
3     activities: List[str] = Field(description="推薦的活動")
4     budget: float = Field(description="預算範圍，單位新台幣")
5     accommodation: List[str] = Field(description="住宿選項")
```

使用 Pydanic 的 BaseModel 來定義一個名為 TravelPlan 的類別, 由於繼承 BaseModel 所以可以建立屬性, 設定型別, 並使用 Field 描述用途。

接著建立 PydanticOutputParser 物件, 並代入剛才建立好的旅遊計畫類別, 請執行下一個儲存格:

```
1 parser = PydanticOutputParser(pydantic_object=TravelPlan)
2 format_instructions = parser.get_format_instructions()
3 pprint(format_instructions)
```

建立 PydanticOutputParser 類別的物件時, pydantic_object 參數必須傳入 Pydantic 類別, 建立好物件後一樣使用 get_format_instructions 方法取得輸出格式的提示, 執行結果如下:

```
The output should be formatted as a JSON instance that conforms to the
 JSON schema below.

As an example, for the schema {"properties": {"foo": {"title": "Foo",
 "description": "a list of strings", "type":
"array", "items": {"type": "string"}}}, "required": ["foo"]}
the object {"foo": ["bar", "baz"]} is a well-formatted instance of the
 schema. The object {"properties": {"foo":
["bar", "baz"]}} is not well-formatted.
```

```
Here is the output schema:
```
```
{"properties": {"destination": {"title": "Destination", "description": "\
u65c5\u904a\u76ee\u7684\u5730,
\u5982\u65e5\u672c\u5317\u6d77\u9053", "type": "string"}, "activities":
{"title": "Activities", "description":
"\u63a8\u85a6\u7684\u6d3b\u52d5", "type": "array", "items": {"type":
"string"}}, "budget": {"title": "Budget",
"description": "\u9810\u7b97\u7bc4\u570d,\u55ae\u4f4d\u65b0\u53f0\u5e63",
 "type": "number"}, "accommodation":
{"title": "Accommodation", "description": "\u4f4f\u5bbf\u9078\u9805",
 "type": "array", "items": {"type":
"string"}}}, "required": ["destination", "activities", "budget",
"accommodation"]}
```

一樣是以英文描述預設的提示，要求以提示中列出的 JSON 規範輸出結果，這些規範就是從剛剛宣告的類別而來，其中的 "\u65c5\u904a\u76ee\u7684\u5730" 等為中文字元的 unicode 編碼，這是因為 JSON 規範規定非 ASCII 字元都要以 Unicode 表示。

取得輸出內容解析器輸出格式的提示後就可以加入到提示模板中，這邊使用對話提示模板當範例，請執行下一個儲存格建立物件：

```
1 prompt = ChatPromptTemplate.from_messages(
2     [("system","使用繁體中文並根據使用者要求推薦出適合的旅遊計劃,\n"
3              "{format_instructions}"),
4       ("human","{query}")
5     ]
6 )
7 new_prompt = prompt.partial(format_instructions=format_instructions)
```

使用 from_messages 方法將訊息物件串列建立成對話提示模板，它不像 from_template 方法可以直接設定部分固定參數，需先建立好物件才能使用 partial 方法建立。

建立好提示模板物件後就可以代入要求給模型，請執行下一個儲存格觀察結果：

```
1 user_query = "我喜歡潛水以及在日落時散步，所以想要安排一個海邊假期"
2 user_prompt = new_prompt.invoke({"query": user_query})
3 response = chat_model.invoke(user_prompt)
4 pprint(response.content)
```

執行結果：

```
{
    "destination": "泰國普吉島",
    "activities": ["潛水", "散步觀日落"],
    "budget": 20000,
    "accommodation": ["海濱別墅", "度假飯店"]
}
```

最後一樣使用 invoke 方法就可以將字串轉換成 TravelPlan 類別的物件：

```
1 parser_output = parser.invoke(response)
2 pprint(parser_output)
```

執行結果：

```
TravelPlan(
    destination='巴厘島',
    activities=['潛水', '日落散步'],
    budget=30000.0,
    accommodation=['海濱別墅', '度假村']
)
```

這樣就可以透過 Pydantic 客製輸出格式了。

結構化輸出格式

如果對於 Pydantic 不熟悉，LangChain 也有提供結構化輸出內容解析器，一樣可以建立結構化資料的格式輸出。

請執行下一個儲存格匯入相關類別：

```
1 from langchain.output_parsers import (
2     ResponseSchema,
3     StructuredOutputParser)
```

ResponseSchema 可以建立單一輸出欄位，StructuredOutputParser 則是依照 ResponseSchema 組合的格式建立輸出內容解析器。

下面將建立多個 ResponseSchema 物件來描述一個國家的資訊，然後使用 StructuredOutputParser 建立輸出內容解析器，再代入輸出格式的提示到提示模板後交給模型，請執行下一個儲存格建立 StructuredOutputParser 物件：

```
 1 response_schemas = [
 2     ResponseSchema(
 3         name="country_data",
 4         description="請提供包含國家的首都和知名景點的 JSON 物件"),
 5     ResponseSchema(
 6         name="source",
 7         description="回答答案的根據來源，例如：來源網站網址",
 8         type="list"
 9     ),
10     ResponseSchema(
11         name="time",
12         description="國家建國的時間",
13         type="YYYY-MM-DD"
14     )
15 ]
16 output_parser = StructuredOutputParser(
17                         response_schemas=response_schemas)
18 pprint(output_parser.get_format_instructions())
```

- 第 1~15 行：主要使用 ResponseSchema 建立輸出格式, 參數 name 是項目名稱；description 主要描述輸出的內容；type 可以用字串設定輸出格式, 這裡代入 "list" 表示以串列輸出來源網址, 然後用 "YYYY-MM-DD" 表示日期格式輸出建國時間。並以串列包含多個 ResponseSchema 物件。

- 第 16~18 行：建立 StructuredOutputParser 物件, 參數 response_schemas 代入剛才建立好的 ResponseSchema 物件串列, 建立好物件之後使用 get_format_instructions 方法查看輸出格式的提示, 以下為執行結果：

```
The output should be a markdown code snippet formatted in the following
schema, including the leading and trailing
"```json" and "```":

```json
{
	"country_data": string  // 請提供包含國家的首都和知名景點的 JSON 物件
	"source": list  // 回答答案的根據來源, 例如: 來源網站網址
	"time": YYYY-MM-DD  // 國家建國的時間
}
```
```

它會要求模型以 markdown 語法中程式碼區塊的格式輸出 JSON 內容, 接著就將輸出格式的提示代入到對話提示模板中, 建立方式與前面的相同, 請執行下一個儲存格建立對話提示模板物件：

```
1 format_instructions = output_parser.get_format_instructions()
2 prompt = ChatPromptTemplate.from_messages([
3        ("system","請回答問題,{format_instructions}, 使用台灣語言"),
4        ("human","{question}")
5        ])
6 prompt = prompt.partial(format_instructions=format_instructions)
```

接著傳入參數給提示模板, 本例為美國, 然後要求模型回答其相關資訊, 最後轉換為字典, 請執行下一個儲存格觀察結果：

```
1 response = chat_model.invoke(prompt.format(question="美國"))
2 pprint(output_parser.invoke(response))
```

執行結果：

```
{
    'country_data': '{\n\t\t"首都": "華盛頓特區",\n\t\t"知名景點":
["自由女神像", "白宮", "大峽谷"]\n\t}',
    'source': ['https://zh.wikipedia.org/wiki/%E7%BE%8E%E5%9C%8B'],
    'time': '1776-07-04'
}
```

從結果可以看出第一個項目輸出符合 JSON 格式, 第二個符合串列格式,
最後一個也符合 YYYY-MM-DD 格式。

對於第一個項目輸出的 JSON 格式不太確定也可將其印出：

```
1 pprint(output_parser.invoke(response)['country_data'])
```

執行結果：

```
{
    "首都": "華盛頓特區",
    "知名景點": ["自由女神像", "白宮", "大峽谷"]
}
```

type 可以使用 list、dict、tuple、string、integer、float、bool 等等格式, 也可
以使用像是上面範例的自定義格式 YYYY-MM-DD。

結合語言模型、提示模板再加上輸出內容解析器就可以處理結構化資
料, 像以上的寫法對於處理文件內容就很方便。

以上就是提示模板和輸出內容解析器的基礎和應用, 透過模板除了更加
便利, 也可以將即時的函式傳回值等各種方法代入內容, 而輸出內容解析器
也能客製輸出內容格式。接下來會介紹 LangChain 的 LCEL表達式, 以更簡
單的方式將語言模型、提示模板、輸出內容解析器串接起來。

CHAPTER **3**

使用流程鏈 (Chain)
串接物件

　　前面學習了如何在 LangChain 框架中與語言模型溝通, 也探討了如何將提示模板化和客製模型回覆內容格式, 使其在使用上變得更方便, 而本章會介紹如何透過 LCEL 表達式語言和流程鏈 (chain) 的概念, 串接個別物件建立彈性的流程。

接下來就讓我們用程式來說明，請依照慣例前往以下網址選擇本章 Colab 筆記本並儲存副本：

https://www.flag.com.tw/bk/t/F4763

首先與第 2 章相同執行下一個儲存格安裝相關套件：

```
1 !pip install langchain langchain_openai rich
```

執行結果：

```
1 # 匯入模組和金鑰
2 import os
3 from google.colab import userdata
4 from rich import print as pprint
5 from langchain_openai import ChatOpenAI
6 os.environ["OPENAI_API_KEY"] = userdata.get('OPENAI_API_KEY')
7 chat_model = ChatOpenAI()
```

本章會使用多個 OpenAI 模型，所以直接設定環境變數 OPENAI_API_KEY。

若金鑰在前一章有設置好的話，可以直接在 Secret 窗格開啟存取權，或是程式執行時也會顯示是否開啟存取權的提示訊息：

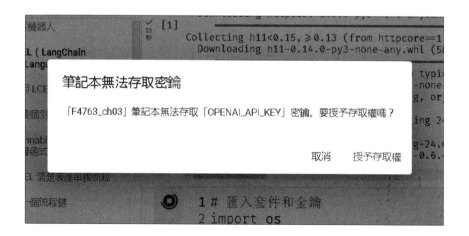

3-1 認識LCEL（LangChain Expression Language）

前面我們介紹了模型的輸入和輸出流程, 首先從代入參數到提示模板完成完整提示, 再送給模型取得回覆, 最後由輸出內容解析器將回覆結果轉換為特定格式, 這個過程對於使用一般語言模型開發已經簡化許多, 但使用上還是稍微複雜。

LangChain 為了簡化模型對話流程的建立, 開發了稱為 LCEL (LangChain Expression Language) 的表達式語言。LCEL 主要透過 Runnable 物件來宣告並建立流程鏈 (Chain), 使得流程處理更為靈活高效。

下面就來簡單使用 LCEL 表達式, 請先執行下一個儲存格匯入相關資源和建立物件:

```
1 from langchain_core.prompts import ChatPromptTemplate,PromptTemplate
2 from langchain_core.output_parsers import StrOutputParser
3 str_parser = StrOutputParser()
```

接著建立提示模板並使用 LCEL 表達式串接個別物件, 請執行下一個儲存格觀察程式碼:

```
1 prompt = ChatPromptTemplate.from_template(
2     '{city} 位於那一個國家？')
3
4 chain = prompt | chat_model | str_parser
5 print(chain.invoke({"city":"台北"}))
```

建立好提示模板物件後, 使用 LCEL 表達式時需要使用 '|' 算符將個別物件串接成流程鏈, 串接順序與前面介紹的模型輸入輸出流程相同, 從提示模板到語言模型, 最後到輸出內容解析器, 以下為執行結果:

台北是位於中華民國（台灣）的首都。

細部分解 LCEL

前面有提到 LCEL 是由 Runnable 物件建立而成, 剛才建立的提示模板、模型和輸出內容解析器等等都是所謂的 Runnable 物件。串接成流程鏈後, 執行時是將前一個物件的輸出做為下一個物件的輸入, 將個別的呼叫串接起來。

接下來我們就將流程鏈還原成 Runnable 物件, 用手動串接的方式來說明 LangChain 是如何簡化成 | 算符, 請先執行下一個儲存格手動串接物件:

```
1 content = str_parser.invoke(
2     chat_model.invoke(
3         prompt.invoke({'city': '台北'})))
4 print(content)
```

利用 Runnable 物件共通的 invoke 方法, 即可串接個別物件。

台北是台灣的首都, 位於中華民國的境內。

但這種手動串接方式是寫死的, 只要流程變動就要修改程式。我們很自然地會想要將這些呼叫包裝起來建立成類別, 請執行下一個儲存格:

```
 1 class make_chain:
 2     def __init__(self, runnable_list):
 3         self.__runnable_list = runnable_list
 4     def invoke(self, arg):
 5         for runnable in self.__runnable_list:
 6             arg = runnable.invoke(arg)
 7         return arg
 8
 9 find_country_chain = make_chain(
10     [prompt, chat_model, str_parser]
11 )
12
13 find_country_chain.invoke({'city': '京都'})
```

建立此類別的物件時要傳入內含提示模板、模型和輸出內容解析器等
Runnable 物件的串列, 需要取得回覆時只要呼叫包裝好的 invoke 方法, 就會
以迴圈依序執行串列中個別物件的 invoke 方法, 將前一個物件輸出代入給
下一個物件的輸入。結果如下:

京都位於日本。

使用 RunnableSequence 簡化多層函式的呼叫

LangChain 其實已經有一個 RunnableSequence 類別, 可以取代剛才設計串
接物件的類別, 建立時可以傳入任意數量的 Runnable 物件, 它的 invoke 會幫
你依循執行各個 Runnable 物件的 invoke 方法, 並一樣以前一個的輸出做為
下一個的輸入, 最後傳回一個 Runnable 的結果, 請執行下一個儲存格觀察結
果:

```
1 from langchain_core.runnables import RunnableSequence
2
3 find_country_chain = RunnableSequence(
4     prompt,
5     chat_model,
6     str_parser
7 )
8 find_country_chain.invoke({'city': 'New York'})
```

執行結果:

美國。

這樣建立而成的結果我們就稱為**流程鏈 (chain)**, 它自己也是一個
Runnable 物件, 如果有需要也可以再跟其他 Runnable 物件串接。

雖然建立 RunnableSequence 物件已經很方便, 但是看不出來循序呼叫個
別 Runnable 物件的意涵, 所以才帶出 LCEL 來簡化程式碼, 並且借用了 Unix/

Linux 世界｜運算為資料通道的功能，清楚表達由前一個 Runnable 物件的輸出透過資料通道傳給下一個 Runnable 物件當輸入的意義。請執行下一個儲存格使用｜算符串接物件：

```
1 find_country_chain = prompt | chat_model | str_parser
2 find_country_chain.invoke({'city': '巴塞隆納'})
```

執行結果：

巴塞隆納位於西班牙。

以上就是 LangCahin 最後簡化成｜算符的原因。

利用 LCEL 可以隨意替換物件的便利性，我們可以更換提示模板建立另一個流程鏈，請執行下一個儲存格建立流程鏈：

```
1 lang_template = ChatPromptTemplate.from_template('在{city}講哪一種
語言？')
2 find_lang_chain = lang_template | chat_model | str_parser
3 find_lang_chain.invoke({'city': '開羅'})
```

執行結果：

在開羅，主要使用的語言是阿拉伯語。此外，英語也是一種常見的第二語言，並且在商業和旅遊領域中被廣泛使用。其他一些當地人口較小的少數族裔可能會使用他們自己的母語。

LCEL 可以任意更換物件建立不同的流程鏈，這樣的特性可以在不同情境時快速更換物件彈性運用。

使用 RunnableParallel 執行多個流程合併結果

在 LangChain 中如果要將同一個輸入傳入不同的 Runnable 物件執行，可以以指名的方式傳入任意數量的 Runnable 物件建立 RunnableParallel 物件，它在執行時會幫你把傳入的參數傳給這些 Runnable 物件, 並將所有的執行結果整合成一個字典作為自己的執行結果。

　　以下就以前面章節的範例接續示範。現在我們有兩種流程鏈, 一個是依照城市詢問國家名稱, 另一個是依照城市詢問當地語言, 兩者都是相同的輸入, 也由於流程鏈都為 Runnable 物件, 所以可以拿來建立 RunnableParallel 物件：

```
1 from langchain_core.runnables import RunnableParallel
2 find_country_and_lang_chain = RunnableParallel(
3     country=find_country_chain,
4     lang=find_lang_chain
5 )
6 find_country_and_lang_chain.invoke({'city': '開羅'})
```

　　執行結果：

```
{'country': '開羅位於埃及。',
 'lang': '在開羅, 主要使用的語言是阿拉伯語。此外, 英語也是一種常用的第二語言,
特別是在商業和旅遊領域。'}
```

　　完成後我們就可以在一個物件中, 取得兩個不同流程鏈的回覆。

　　除了以指名的方式代入流程鏈, 你也可以改用字典格式作為建立 RunnableParallel 物件的參數, 請執行下一個儲存格建立物件：

```
1 find_country_and_lang_chain = RunnableParallel({
2     'country': find_country_chain,
3     'lang': find_lang_chain
4 })
5 find_country_and_lang_chain.invoke({'city': '香港'})
```

　　執行結果：

```
{'country': '香港位於中國的南部, 是一個特別行政區。',
 'lang': '在香港, 主要講廣東話 (粵語) 和普通話。此外, 也有部分人會說英語作為
第二語言。'}
```

當字典與Runnable物件進行 | 運算時，會自動間接幫你建立一個 RunnableParallel物件，所以也可以改用底下簡潔的寫法：

```
1 summary_template = ChatPromptTemplate.from_template('{country}{lang}')
2 summary_chain = (
3     {
4         'country': find_country_chain,
5         'lang': find_lang_chain
6     }
7     | summary_template)
8 pprint(summary_chain.invoke({'city': '釜山'}))
```

執行結果：

```
ChatPromptValue(
    messages=[
        HumanMessage(
            content='釜山位於韓國。在釜山，人們通常講韓語。釜山是韓國第二大
                城市，韓語是該地區最常用的語言。此外，由於釜山是一個國際
                城市，也有許多人會說英語或其他外語。'
        )
    ]
)
```

請特別留意，字典中個別項目的值必須是 Runnable 或是可呼叫的物件，如果串接不合規定的字典，就會出現錯誤：

```
1 error_chain = {'key': 'hello'} | summary_template
```

執行結果：

```
TypeError: Expected a Runnable, callable or dict.Instead got an
unsupported type: <class 'str'>
```

RunnableSequence 和 RunnableParallel 兩個物件在 LCEL 表達式中是最常使用的類別，接下來會介紹其他 LCEL 好用的類別和方法。

3-2 LCEL 實用功能

除了 Runnable 物件外, 像是函式等可呼叫物件也可以用 | 和 Runnable 物件串接。

這邊我們承接剛才的 ChatPromptValue 結果, 以可取得物件指定名稱屬性的 attrgetter、可取得串列中指定索引位置元素的 itemgetter 為例示範。

attrgetter 可指定名稱返回一個可呼叫的物件, 呼叫時能夠從傳入的物件中取得指定名稱的屬性。

itemgetter 則可以固定索引、建立一個可呼叫的物件, 呼叫時會以固定的索引取得傳入容器內的元素。

請執行下一個儲存格建立相關物件:

```
1 from operator import attrgetter
2 get_messages = attrgetter('messages')
3 from operator import itemgetter
4 get_first_item = itemgetter(0)
```

如此即可使用 attrgetter 取得 ChatPromptValue 物件中的 messages 屬性裡的訊息串列, 然後再用 itemgetter 取得串列中第一個角色訊息物件。

然後將兩個物件與 summary_chain 流程鏈串接在一起, 最後用字串輸出內容解析器輸出成字串, 請執行下一個儲存格:

```
1 summary = (summary_chain
2            | get_messages
3            | get_first_item
4            | str_parser)
5 summary.invoke({'city': '釜山'})
```

執行結果：

釜山位於南韓。釜山的官方語言是韓語，大部分居民使用韓語作為溝通的語言。另外，在釜山也會使用英語作為第二語言，特別是在旅遊業和商業領域中。

這樣就能得到 ChatPromptValue 物件中的提示內容，也就是串接流程最後整合的輸出結果。

使用 RunnablePassthrough 簡化參數

每次使用 invoke 方法都要傳入字典有點麻煩，我們可以利用 RunnableParallel 會傳回字典的特性，搭配可以傳回傳入的參數本身的 RunnablePassthrough 來簡化

下面建立 RunnablePassthrough 物件並傳入字串，請執行下一個儲存格觀察結果：

```
1 from langchain_core.runnables import RunnablePassthrough
2
3 r = RunnablePassthrough()
4 r.invoke("台北")
```

執行結果：

```
台北
```

利用 RunnablePassthrough 物件傳回傳入參數的性質，將它以字典格式與 Runnable 物件作結合，間接建立成內含單一 Runnable 物件的 RunnableParallel 物件，請執行下一個儲存格觀察結果：

```
1 summary = {'city': RunnablePassthrough()} | summary
2 summary.invoke('高雄')
```

執行結果：

> 高雄位於台灣。在高雄，主要使用的語言是中文，也就是普通話或閩南語。此外，也有
> 部分人口使用其他語言，如英文或客家話。

採用這種方法可以避免在輸入時必須傳入字典的麻煩，讓過程更簡單。

透過 RunnableBinding 使用模型方法和代入工具

在流程鏈中呼叫某個 Runnable 物件時，除了傳入序列中前一個 Runnable
物件的輸出外，若想要指定額外的參數，就可以建立 RunnableBinding 物件來
包裝原本的 Runnable 物件，以指定的參數運作。例如幫模型物件設定禁用
詞彙的 stop 清單或是可用函式資訊的 function calling 工具，下面就來實際操
作看看。

繼續使用剛才的城市範例，執行模型物件的 bind 方法，就會建立包裝該模
型物件的 RunnableBinding 物件，附加 stop 參數指定禁用 '台灣' 與 '臺灣' 兩
個詞，透過該物件讓語言模型回覆時，如果出現指定的詞彙就會停止回覆，
請執行下一個儲存格觀察執行結果：

```
1 chain = ({"city": RunnablePassthrough()}
2          | prompt
3          | chat_model.bind(stop=["台灣","臺灣"])
4          | str_parser)
5 print(chain.invoke("台北"))
```

以下為執行結果：

> 台北是位於

可以看到結果斷在奇怪的地方，這表示回覆接下來會生成禁用的詞而停
止，並將未完整生成的結果返回。

接下來試看看以可呼叫函式的資訊當成工具提供給模型，讓模型依照 function calling 機制選用工具。LangChain 中可以用 Pydanic 類別描述工具，首先建立 Pydanic 模型並宣告類別與屬性：

```
1 from langchain_core.pydantic_v1 import BaseModel, Field
2 class Search(BaseModel):
3     """網路搜尋工具"""
4     search_input: str = Field(description="應該要搜尋的關鍵字")
```

類別名稱就是工具名稱，類別的描述就是工具的描述，類別中的屬性則是使用工具時要傳入的參數。

對模型物件使用 bind_tools 方法將剛才建立好的類別代入，也會建立 RunnableBinding 物件：

```
1 model = chat_model.bind_tools([Search])
2 pprint(model.kwargs["tools"])
```

執行結果：

```
[
    {
        'type': 'function',
        'function': {
            'name': 'Search',
            'description': '網路搜尋工具',
            'parameters': {
                'type': 'object',
                'properties': {'search_input': {
                                'description': '應該要搜尋的關鍵字',
                                'type': 'string'}},
                'required': ['search_input']
            }
        }
    }
]
```

從結果可以看到將原先 Pydanic 類別被轉換成 OpenAI function calling 格式了。

Tip

如果對於 OpenAI 的 function calling 不熟悉, 可以參考旗標科技出版的《ChatGPT 開發手冊》

接下來就可以與其它 Runnable 物件串接起來, 請執行下一個儲存格觀察結果:

```
1 chain = ({"city": RunnablePassthrough()}
2          | prompt
3          | model)
4 pprint(chain.invoke("台北").tool_calls)
```

以下為執行結果:

```
[{'name': 'Search', 'args': {'search_input': '台北 位於那一個國家？'},
'id': 'call_r1M5rJZAZZZZk2RS1VMGHwU6'}]
```

你可以看到在 tool_calls 屬性裡面有呼叫的工具名稱、參數以及呼叫工具的識別碼。

如果要將 function calling 資訊取出, 可以使用 JsonOutputToolsParser 輸出內容解析器, 它是專門給 OpenAI function calling 工具使用的輸出內容解析器, 請執行下一個儲存格匯入類別並建立物件:

```
1 from langchain.output_parsers.openai_tools import JsonOutputToolsParser
2 tools_parser = JsonOutputToolsParser()
```

建立好物件後加入到流程鏈中, 請執行下一個儲存觀察結果:

```
1 chain = ({"city": RunnablePassthrough()}
2           | prompt
```

```
3          | model
4          | tools_parser)
5 pprint(chain.invoke("台北"))
```

執行結果：

```
[{'args': {'search_input': '台北 位於那一個國家'}, 'type': 'Search'}]
```

最後就能得到 function calling 的工具名稱與參數啦！

分支與合併

將前面介紹的 LCEL 表達式功能, 與多個不同的提示模板或是流程鏈一起使用, 可以組合出不同使用方式, 這裡會以分支和合併的概念將前面所學的功能整合在一起。

下面我們將輸入一項事物, 流程鏈首先會找出是誰發明了這項事物, 再來找出發明者隸屬的國家, 最後輸出結果, 請執行下一個儲存格觀察執行結果：

```
 1 person_template = ChatPromptTemplate.from_template(
 2     "是誰發明{invention}？")
 3 country_template = ChatPromptTemplate.from_template(
 4     "{person}來自哪個國家？")
 5
 6 person_chain = ({"invention": RunnablePassthrough()}
 7               | person_template
 8               | chat_model
 9               | str_parser)
10
11 person_summary_chain = (
12     {"person": person_chain}
13     | country_template
14     | chat_model
15     | str_parser
```

```
16 )
17
18 person_summary_chain.invoke("珍珠奶茶")
```

　　首先建立兩個對話提示模板, 在 person_chain 中我們串接 person_template 來找出發明者, 而 person_summary_chain 中串接了 person_chain, 所以 person_chain 的結果會以字典格式存在 'person' 中, 再把 'person' 的值傳入給 country_template, 得到的 ChatPromptValue 物件再傳入給模型, 最後從輸出內容解析器得到結果, 執行結果如下：

台灣。

　　以下是邏輯流程圖：

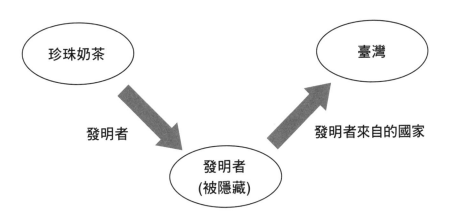

　　透過串接不同的物件就能得到不同的結果, 像以上範例本來只使用 person_chain 的話會找出發明者, 但串接到 person_summary_chain 後就變成取得發明者隸屬的國家。所以使用時需要注意最後要得到甚麼結果, 下面會繼續介紹其它串接的邏輯。

　　下一個範例是讓模型推薦一種能源, 並且以這個能源介紹一種材料, 同時也以此能源介紹一個能將能源使用到最好的國家, 最後依照材料和國家提出一個未來生活的場景, 請先執行下一個儲存格建立 JSON 輸出內容解析器：

```
1 from langchain_core.output_parsers import JsonOutputParser
2 json_parser = JsonOutputParser()
3 format_instructions = json_parser.get_format_instructions()
```

接著建立相關流程鏈：

```
1 # 制定提示模板
2 prompt1 = ChatPromptTemplate.from_template(
3     "請根據{attribute}特性，推薦一種環保的再生能源。請僅提供能源的名稱："
4 )
5 prompt2 = ChatPromptTemplate.from_template(
6     "在永續發展中，{energy}能源通常用於製造哪種環保材料？請僅提供能源
材料的名稱："
7     "{format_instructions}"
8 )
9 prompt3 = ChatPromptTemplate.from_template(
10     "假設每個國家的能源發展是相等的，哪個國家使用{energy}能源可以做得
最好？"
11     "請僅提供國家 / 地區名稱："
12 )
13 prompt4 = ChatPromptTemplate.from_template(
14     "請結合{material}和{country}，描述一個環境友善的未來生活場景。"
15 )
16
17 prompt2 = prompt2.partial(format_instructions=format_instructions)
18 # 模型串輸出模板
19 model_parser = chat_model | str_parser
20
21 # 能源生成鏈
22 energy_generator = (
23     {"attribute": RunnablePassthrough()}
24     | prompt1
25     | {"energy": model_parser}
26 )
27
28 # 能源材料
29 energy_to_material = prompt2 | chat_model | json_parser
30
31 # 能源使用做得最好的國家
32 material_to_country = prompt3 | model_parser
33
34 # 結合以上
35 question_generator = (
36     energy_generator
```

```
37    | {"material": energy_to_material | itemgetter('環保材料'),
38       "country": material_to_country}
39    | prompt4
40 )
```

　　首先建立了四個提示, 依據提示模板首先建立能源生成鏈, 能源生成鏈中最後結果會以字典格式儲存, 接著再個別建立材料鏈和國家鏈, 最後才是依據第四個提示模板建立的整合鏈, 整合鏈串接前面三個流程鏈, 傳入的參數首先經過能源生成鏈, 並將結果儲存在 'energy' 中, 接著會把值傳入給材料鏈和國家鏈, 兩者是以字典格式串接, 所以會間接建立成 RunnableParallel 物件, 最後以 ChatPromptValue 物件返回。

　　明白物件是怎麼傳遞後, 就可以代入參數取得結果, 請執行下一個儲存格觀察結果:

```
1 prompt = question_generator.invoke("零污染")
2 print(f"最終產生的問題:{prompt.messages[0].content}\n\n"
3       f"AI 回答結果:{chat_model.invoke(prompt).content}")
```

　　執行結果:

最終產生的問題:請結合**太陽能電池板**和**澳大利亞**, 描述一個環境友善的未來生活場景

AI 回答結果:在未來的澳大利亞, 我們將看到更多的建築物和家庭採用太陽能電池板作為主要的能源來源。這些太陽能電池板將被整合到建築物的屋頂和牆壁上, 並且能夠有效地捕捉到太陽的能量, 為家庭和建築物提供清潔和可再生的電力。

除了太陽能電池板, 未來的家庭也將普遍使用其他環保材料, 如再生紙張、可降解塑料和能源節省型家電。人們將更加重視環境保護, 並且積極採取行動來減少對地球的影響。

在這個環境友善的未來生活場景中, 人們將享受到清潔的空氣、清澈的水源和豐富的自然資源。他們將生活在一個充滿生機和和諧的環境中, 並且與大自然和諧共存。

這個未來的生活場景不僅對環境有益, 也將為人們帶來更好的生活品質。通過採用太陽能能源和其他環保措施, 我們可以共同建設一個更加可持續和美好的未來。

　　根據結果可以看到最終產生的問題以及模型的回覆, 根據輸入的零污染特性模型會推薦太陽能, 並覺得澳大利亞是最能以太陽能電池板把太陽能源發揮最好的國家。

使用圖解可以更清楚呈現流程鏈鏈傳遞的順序：

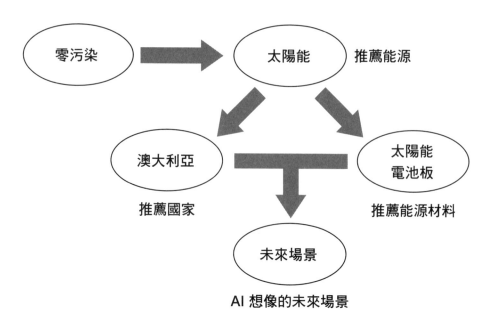

AI 想像的未來場景

　　如果嫌自己作流程圖很麻煩, LangChain 中也提供有可以用圖解觀看流程的方法, 在 Runnable 物件使用 get_graph().print_ascii 方法就可以顯示執行順序流程圖, 請執行下一個儲存格安裝套件並觀察結果：

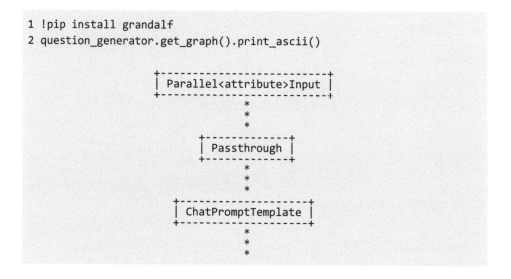

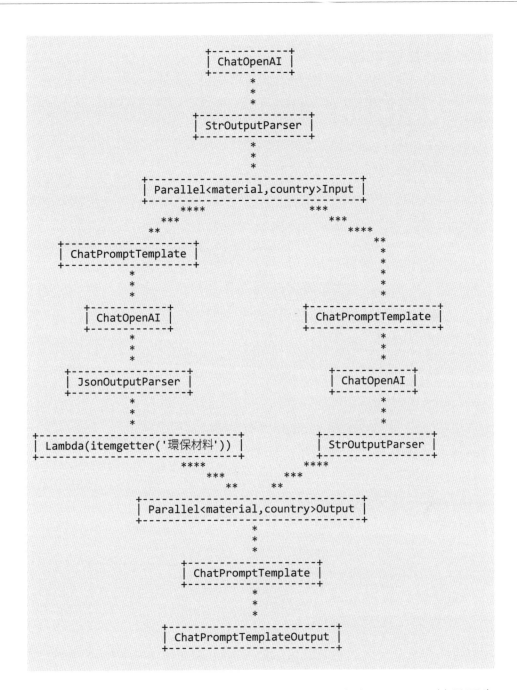

```
                         +---------------+
                         | ChatOpenAI    |
                         +---------------+
                                 *
                                 *
                                 *
                      +---------------------+
                      | StrOutputParser     |
                      +---------------------+
                                 *
                                 *
                                 *
                 +--------------------------------------+
                 | Parallel<material,country>Input      |
                 +--------------------------------------+
                    ****              ***
                  ***               ***    ****
                **                 ***        **
   +-----------------------+                    *
   | ChatPromptTemplate    |                    *
   +-----------------------+                    *
              *                                 *
              *                                 *
              *                      +---------------------+
   +------------------+              | ChatPromptTemplate  |
   | ChatOpenAI       |              +---------------------+
   +------------------+                         *
              *                                 *
              *                                 *
   +------------------------+        +------------------+
   | JsonOutputParser       |        | ChatOpenAI       |
   +------------------------+        +------------------+
              *                                 *
              *                                 *
 +-----------------------------------+ +---------------------+
 | Lambda(itemgetter('環保材料'))     | | StrOutputParser     |
 +-----------------------------------+ +---------------------+
                  ****          ***   ****
                     **       ***  **
                 +------------------------------------+
                 | Parallel<material,country>Output   |
                 +------------------------------------+
                                 *
                                 *
                                 *
                      +---------------------+
                      | ChatPromptTemplate  |
                      +---------------------+
                                 *
                                 *
                                 *
                 +------------------------------+
                 | ChatPromptTemplateOutput     |
                 +------------------------------+
```

　　透過分支與合併的串接方式可以讓每個環節都由自己分配, 不論是要生成多個結果或是合併結果, 都沒有問題。不過因為串接太方便, 要留意金額的限制以免花費太多金額。

3-3 LCEL 進階功能

在流程鏈中使用函式

　　如果把函式等可呼叫的物件和 Runnable 物件使用 | 運算串接在一起, 會自動將其轉換成 Runnable 物件, 這個轉換後的 Runnable 物件, 其實是 RunnableLambda 類別的物件。如果不是在與 Runnable 的串接運算中想要以函式為基礎建立 Runnable 物件, 就必須自行手動建立 RunnableLambda 物件。

　　這裡用商店的商品價錢為範例, 根據輸入的商店名稱取得相對應的商品價錢, 最後根據價錢以及購買數量讓模型自己算出總額。請先執行下一個儲存格匯入 RunnableLambda 類別:

```
1 from langchain_core.runnables import RunnableLambda
```

　　接著建立傳入商品名稱找出相對應價錢的函式, 請執行下一個儲存格建立函式:

```
1 def commodity(food):
2     # 定義每個商店的商品和價格
3     items = {
4         "熱狗": 50,
5         "漢堡": 70,
6         "披薩": 100}
7     item = items.get(food)
8     print(f"{food}價格: {item}")
9     return {"price": item}
```

　　然後建立 RunnbleLambda 類別物件將函式包裝起來, 即可由 RunnbleLambda 物件幫你呼叫函式, 請執行下一個儲存格觀察結果:

```
1 food=RunnableLambda(commodity)
2 food.invoke("披薩")
```

使用 runnable 物件共通的 invoke 方法

```
披薩價格：100
{'price': 100}
```

可以看到結果確實返回了披薩店的披薩價錢。

確認了可以用函式建立 Runnable 物件, 就可以建立流程鏈, 讓模型幫我們計算在這間商店中購買該商品會花費多少錢, 請執行下一個儲存格建立流程鏈並觀察結果：

```
1  prompt = ChatPromptTemplate.from_template("我選擇的商品要多少錢？"
2                                              "數量{number}價錢{price}")
3  chain = (
4      {
5          'price':itemgetter("food") | RunnableLambda(commodity),
6          'number':itemgetter("number")
7      }
8      | prompt
9      | chat_model
10     | str_parser
11 )
12 print(chain.invoke({"food":"漢堡", "number":"101"}))
```

因為用字典代入參數, 可以使用前一節介紹的 itemgetter 取得字典元素對應的值, 這裡從 food 中取得商品名稱後, 交給 RunnableLambda 類別物件中的函式進行處理, 最後將返回值儲存進 price 中與 number 一起傳遞給提示模板, 以下為執行結果：

```
漢堡價格：70
選擇的商品共計 101 個，每個商品的價格為 70 元，總共應支付的金額為 7070 元。
```

Tip

要使用 RunnableLambda 包裝的函數, 只能有單一參數。

依照輸入分類執行不同的任務

如果需要依照輸入進行分類, 再依據分類進行不同的任務, 可以建立 RunnableBranch 類別的物件。以下以一個簡單的分類為例, 讓模型判斷輸入的提示是要求命令還是查詢答案, 請執行下一個儲存格建立流程鏈:

```
1 chain = (
2     PromptTemplate.from_template(
3         "根據使用者問題作回答, 將問題分為要求命令或是查詢答案。\n"
4         "<問題>\n{question}\n</問題>\n"
5         "分類:"""
6     )
7     | chat_model
8     | str_parser
9 )
```

建立好流程鏈後就來輸入提示, 以下使用命令語氣的提示要求模型做事, 請觀察執行結果看模型是否能判別語氣:

```
1 print(chain.invoke({"question": "立刻使用 Google 搜尋台積電股票"}))
2 print(chain.invoke({"question": "告訴我什麼是極光"}))
```

執行結果:

```
要求命令
查詢答案
```

根據結果可以發現模型可以判斷出語氣的差別。

既然可以正確分類, 就可以依據分類進行不一樣的任務, 以下會根據分類建立對應的提示模板, 讓模型能對命令語氣或是詢問語氣作出不同的回覆, 請執行下一個儲存格建立不同的提示模板物件:

```
1 order_chain = (
2     PromptTemplate.from_template(
3         "你不會思考只根據命令做回應, 每次回答開頭都以 '是的, 主人' "
4         "回覆命令\n"
```

```
5          "問題: {question}\n"
6          "回覆:"
7       )
8     | chat_model
9   )
10  ask_chain = (
11      PromptTemplate.from_template(
12          "你只能回答知識性相關問題，任何要求命令不會照做也不會回答,"
13          "每次回答開頭都以 '根據我的知識' 回覆命令 \n"
14          "問題: {question}"
15          "回覆:"
16      )
17    | chat_model
18  )
19  defult_chain = (
20      PromptTemplate.from_template(
21          "請回答問題:\n"
22          "問題: {question}\n"
23          "回覆:"
24      )
25    | chat_model
26  )
```

　　如果判斷為命令會以『是的, 主人』為開頭做回覆；如果是詢問則會以
『根據我的知識』為開頭做回覆；如果兩者都不是就會使用預設提示模板
直接對問題做回覆。

　　傳統作法要自己利用分支語法判斷回覆內容, 請執行下一個儲存格建立
判斷函式：

```
1 def route(info):
2     if "查詢答案" in info["topic"]:
3         return ask_chain
4     elif "要求命令" in info["topic"]:
5         return order_chain
6     else:
7         return defult_chain
```

　　在函式中依據模型回覆內容是否有特定字串返回相對應的流程鏈, 如果
沒有就返回預設流程鏈。

我們可以利用這個自訂函式建立 RunnableLambda 物件，串接成最終的流程鏈，此鏈會先根據分類鏈的結果在自訂函式中選擇相對應的提示模板。請執行下一個儲存格建立整合流程鏈：

```
1 from langchain_core.runnables import RunnableLambda
2
3 full_chain = ({"topic": chain, "question": lambda x: x["question"]}
4                | RunnableLambda(route)
5                | str_parser)
```

這裡使用 lambda 建立接受一個參數 x 的匿名函式，從字典中提取鍵 'question' 的值。本來在 RunnableLambda 物件中執行自訂函式後會返回流程鏈物件，但是在 RunnableLambda 物件中如果返回為 runnable 物件，則會再遞迴執行直到返回物件不是 runnable 物件為止才輸出結果。

最後來輸入兩種要求給模型，請執行下一個儲存格觀察結果：

```
1 print(full_chain.invoke({"question": "去幫我買東西"}))
2 print('- '*10)
3 print(full_chain.invoke({"question": "北極圈是在緯度多少以上？"}))
```

執行結果：

```
是的，主人，我會去幫您買東西。
- - - - - - - - - -
根據我的知識，北極圈是在緯度 66.5 度以上。
```

可以看到經過流程鏈與自訂函式處理之後，分別得到兩個不同回覆，而且得到的回覆開頭如我們設定的一樣。

對於依照分類執行不同流程的需求，LangChain 中提供有 RunnableBranch 類別可以建立分支流程鏈，請執行下一個儲存格：

```
1 from langchain_core.runnables import RunnableBranch
2
3 branch = RunnableBranch(
```

```
4      (lambda x: "查詢答案" in x["topic"], ask_chain),
5      (lambda x: "要求命令" in x["topic"], order_chain),
6      defult_chain,
7  )
```

建立分支流程鏈時每個分支都要提供一個判斷函式, 並依據判斷結果執行對應分支的流程鏈, 若所有分支都不符, 則執行排在最後的預設流程鏈。本例以 lambda 判斷參數 x 中 "topic" 鍵的值是否包含特定字串作為判斷函式, 如果包含就執行對應的流程鏈, 如果都沒有包含特定字串就會使用預設流程鏈。

與剛才結合自訂函式相同, 這裡也需要將分支鏈結合成最終的流程鏈, 請執行下一個儲存格:

```
1  full_chain = ({"topic": chain, "question": lambda x: x["question"]}
2                | branch
3                | str_parser)
```

這裡的整合流程鏈結構只需把 RunnableLambda 物件換成 RunnableBranch 物件即可。

最後一樣來輸入兩種要求給模型, 請執行下一個儲存格觀察結果:

```
1  print(full_chain.invoke({"question": "幫我寫一篇哈利波特小說短評"}))
2  print('- '*10)
3  print(full_chain.invoke({"question": "台北 101 有多高？"}))
```

執行結果:

是的，主人

哈利波特小說是一部充滿魔法與冒險的經典作品。故事講述了一個普通男孩哈利波特在 11 歲生日那天得知自己是一名魔法師，並被送往霍格華茲魔法學校展開了一段奇幻的旅程。作者 J.K. 羅琳巧妙地將魔法世界與現實世界融合在一起，讓讀者彷彿置身其中。

哈利波特系列不僅是一部優秀的奇幻小說，更是一部關於友情、勇氣和愛的故事。每個角色都有著獨特的性格和故事，讓讀者在閱讀的過程中產生共鳴。故事情節跌宕起伏，讓人無法放下書本，想要一口氣看完全套系列。

> 總的來說，哈利波特小說無論是對於年輕讀者還是成年讀者都是一部值得推薦的經典之作，它將帶領讀者進入一個充滿魔法與冒險的世界，讓人流連忘返。
> - - - - - - - - - -
> 根據我的知識，台北 **101** 的高度為 **508** 公尺。

以上就是自訂分類回覆的方式，接下來將介紹如何在流程鏈中更換模型和提示。

切換模型或提示

假如我們想要測試比較同一提示在不同模型中的表現，像是 gpt-3.5-turbo 與 gpt-4 的差異，可以直接更改模型物件的屬性，但要記得測試完要修改回原本的模型。如果是要比較不同廠商的語言模型，就必須建立個別廠商的模型物件以及幾乎相同的流程鏈，這樣的方式實在過於麻煩，同樣的問題在提示中也會發生，如果想要測試比較不同寫法、相同目的提示的效果，例如中文與英文的差異，也必須為個別提示建立幾乎相同的流程鏈。

LangChain 中 Runnable 的子類別 RunnableSerializable 提供有設定替代物件建立新物件的方法，可以切換流程鏈中同一個位置的 Runnable 物件，而不需要以不同的物件重新建立幾乎相同的流程鏈。目前為止我們使用過的 Runnable 物件，像是模型物件或是提示模板等都是 RunnableSerializable 的子類別，因此就可以利用這個功能設定並切換模型或是提示模板了。下面為了示範不同廠商的語言模型，我們將會導入 Google 的 genmini-pro 模型，請先跟著下面步驟取得 API 金鑰：

1. 前往網址 https://aistudio.google.com/ 後登入 Google 帳號：

❶ 點擊 Get API key

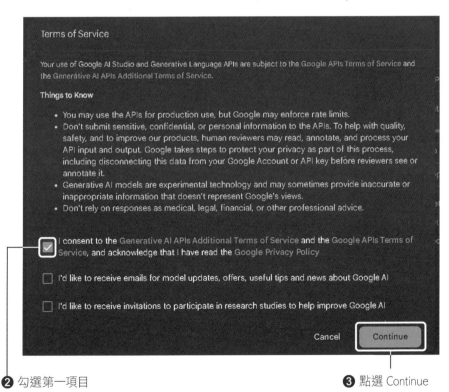

❷ 勾選第一項目

❸ 點選 Continue

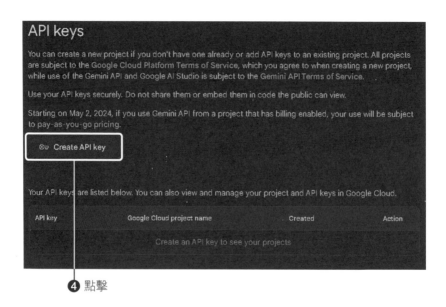

④ 點擊

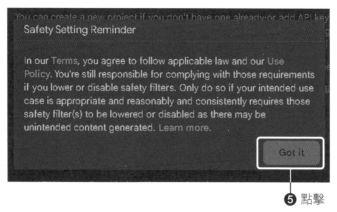

⑤ 點擊

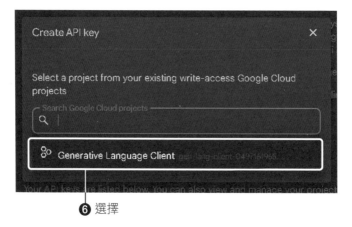

⑥ 選擇

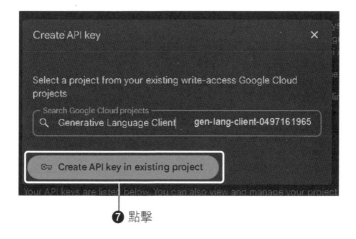

❼ 點擊

❺ 複製金鑰

2. 在 Colab 的 Secret 建立金鑰

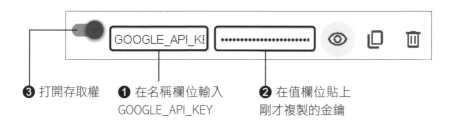

❸ 打開存取權　　❶ 在名稱欄位輸入　　❷ 在值欄位貼上
　　　　　　　　　GOOGLE_API_KEY　　剛才複製的金鑰

> **Tip**
> Google gemini-pro 模型目前是免費的, 一次對話輸入最多為 30720 tokens, 而輸出則是 2048 tokens, 每分鐘最多可以請求 60 次。

在 Secret 窗格中建立好金鑰並打開存取權後, 就可以開始使用 Google gemini-pro 模型, 請先執行下一個儲存格安裝套件：

```
1 !pip install langchain-google-genai
2 os.environ["GOOGLE_API_KEY"] = userdata.get('GOOGLE_API_KEY')
```

安裝好後就可以使用 LangChain 整合的 Google 模型模組, 請執行下一個儲存格建立模型物件並測試：

```
1 from langchain_google_genai import ChatGoogleGenerativeAI
2
3 gemini = ChatGoogleGenerativeAI(model="gemini-pro")
4 pprint(gemini.invoke("台灣 101 有多高？").content)
```

執行結果：

```
508 公尺
```

如果有成功跑出結果代表 API 沒有問題。

接著就可以開始建立擁有多種模型的模型物件, 從原先的 chat_model 模型物件使用 configurable_alternatives 方法建立新的模型物件, 並使用 ConfigurableField 對物件建立相關屬性, 請執行下一個儲存格建立模型物件：

```
1 from langchain_core.runnables import ConfigurableField
2 llm = chat_model.configurable_alternatives(
3     ConfigurableField(
4         id="llm",
5         name="LLM",
6         description="多種語言模型"),
7     # 預設模型 gpt-3.5-turbo
8     default_key="openai",
9     # 新增模型 gpt-4-turbo
10    gpt4=ChatOpenAI(model="gpt-4-turbo"),
11    # 新增模型 gemini-pro
12    gemini = ChatGoogleGenerativeAI(
13        model="gemini-pro",
```

```
14              temperature=0.7)
15 )
```

　　使用 configurable_alternatives 方法必須傳入 ConfigurableField 物件, 並設定其 id、name、description 屬性, id 是稍後用來切換替代物件時的鍵, 其餘兩個屬性則是說明用途。在 configurable_alternatives 方法必須以指名方式設定名稱傳入替代物件, 其中 default_key 是用來指定呼叫 configurable_alternatives 時預設物件的名稱, 本例另外以 gpt4 為名增加 gpt-4-turbo-preview、以 gemini 為名加入 gemini-pro 模型, 之後就可以指定名稱切換物件。gemini-pro 模型中指定參數 temperature 與 openai 模型預設值相同的 0.7, 參數 convert_system_message_to_human 為 True, 是因為 gemini-pro 模型沒有 System 這個角色, 所以強制將 System 角色的訊息轉成 Human 角色訊息。

　　接著我們建立一個簡單的提示模板, 將物件串接起來形成流程鏈, 請執行下一個儲存格測試鏈：

```
1 prompt = PromptTemplate.from_template("請回答問題{topic}")
2 chain = prompt | llm | str_parser
3 print(chain.invoke({"topic":"大海的主要成分？"}))
```

　　直接執行會使用預設物件, 也就是 gpt-3.5-turbo 模型。

大海的主要成分是水, 其中含有各種礦物質、鹽分、微生物和生物遺體。

　　若要切換其他模型, 要使用 with_config 方法, 以 configurable 指名引數傳入包含鍵與名稱的字典指定要切換的物件, 請執行下一個儲存格觀察結果：

```
1 # 使用 gpt4
2 print(chain.with_config(
3     configurable={"llm": "gpt4"}).invoke(
4         {"topic": "大海的主要成分？"}))
```

　　以下為執行結果：

大海的主要成分是水，具體來說是鹽水。海水的鹽分主要來自岩石的侵蝕和火山活動，這些鹽分隨著河流輸送到海洋。海水中的鹽分大約占 **3.5%**，主要是氯化鈉（食鹽），此外還包括其他鹽類和微量元素，如鎂、鈣、鉀、硫酸鹽等。

切換到 gemini-pro 模型也是一樣的做法，請執行下一個儲存格觀察結果：

```
1 # gemini
2 print(chain.with_config(
3     configurable={"llm": "gemini"}).invoke(
4         {"topic":"大海的主要成分？"}))
```

執行結果：

海水

> **Tip**
>
> gemini-pro 模型的回答非常簡潔，如果想要得到詳細回答，提示必須說明的很清楚，如：詳細說明海水的主要成分。

切換成 default_key 指定的名稱 openai，其實就跟不指定名稱直接使用一樣，都會採用預設的物件。

提示模板也具備 configurable_alternatives 方法，請執行下一個儲存格建立提示模板物件：

```
1 prompt = PromptTemplate.from_template(
2     "告訴我一個{topic}相關知識").configurable_alternatives(
3     ConfigurableField(
4         id="prompt",
5         name="提示模板",
6         description="多種提示"),
7     # 預設模板
8     default_key="knowledge",
9     # 新增提示模板
10    discuss=PromptTemplate.from_template(
11        "根據顏色{color}列出可能的水果"),
12    # 新增對話提示模板
13    chat=ChatPromptTemplate.from_messages(
```

```
14          [
15              ("system","你是一個動物專家"),
16              ("human","相關特徵有 {topic}, 請猜出是十二生肖的哪一個動物")
17          ]),
18  )
```

　　首先以 PromptTemplate 建立字串提示模板物件, 並使用 configurable_
alternatives 方法建立相關屬性與新增替代的提示模板。

　　接著我們整合之前建立的模型物件和提示模板物件, 搭配字串輸出內容
解析器串接成流程鏈使用, 請執行下一個儲存格觀察結果:

```
1 chain = prompt | llm | str_parser
2 # 使用 discuss 和預設模型
3 print(chain.with_config(
4     configurable={"prompt": "discuss", "llm": "openai"}).invoke(
5         {"color": "紅色"}))
```

　　一樣使用 with_config 方法, 並對參數 configurable 以字典格式指定對應的
鍵與值, 切換要使用的模型和提示模板, 這裡代入 discuss 和 openai, 以下為
執行結果:

```
- 蘋果
- 草莓
- 紅莓
- 石榴
- 番茄
```

　　你可以看到流程鏈中有多個地方具備替代物件, 只要在執行時指定個別
的鍵與名稱就可以切換。以下則是替換模型成 gpt4 與預設提示模板, 請執
行下一個儲存格觀察結果:

```
1 # 使用預設模板和 gpt4
2 print(chain.with_config(
3     configurable={"llm": "gpt4"}).invoke(
4         {"topic": "langchain"}))
```

執行結果：

LangChain 是一種利用語言模型來實現自動化、增強或創建新技術的方法論或框架。它主要關注於如何將大型語言模型（比如 OpenAI 的 GPT-3）與其他技術集成，以解決特定的問題或創建新的應用程序。LangChain 的概念強調了通過語言模型與人類相似的交流方式來執行複雜任務的潛力，從而開啟了一種新的與機器交互的方式。

LangChain 的實現方式可能包括但不限於以下幾個方面：

1. **自動化任務處理**：利用語言模型理解和生成自然語言，自動化完成如客戶服務、數據分析、報告生成等任務。
2. **知識提取和管理**：通過分析大量文本數據，提取有用的信息和知識，幫助企業或個人更好地做出決策。
3. **增強現有系統**：將語言模型集成到現有的系統中，提高其智能化水平，比如改善搜索引擎的搜索結果、優化推薦系統等。
4. **創建新的交互應用**：利用語言模型創建新型的交互式應用，如虛擬助手、智能對話系統等，提供更自然、更豐富的用戶體驗。

LangChain 的核心理念是將語言模型的強大能力與特定領域的需求相結合，從而開發出創新的解決方案。隨著語言模型技術的不斷進步，LangChain 方法論的應用範圍和影響力也將不斷擴大。

最後替換成 chat 提示模板和 gemini 模型來猜測十二生消，請執行下一個儲存格觀察結果：

```
1 openai_poem = chain.with_config(
2     configurable={"prompt": "chat","llm": "gemini"})
3 print(openai_poem.invoke({"topic": "有一雙大耳，擅長跳躍"}))
```

執行結果：

兔子

以上就是替換模型和提示模板的方式，相同的功能也可以應用在其他 Runnable 物件上，例如在流程的某一段切換不同的流程鏈比較效果等等。

本章介紹了 LangChain 使用 LCEL 表達式對於串接物件的概念，下一章會繼續以串接物件為基礎，建立一個能夠記憶聊天的對話機器人。

記憶對話的物件--memory

前一章我們已經學會使用 LCEL 表達式串接個別物件，接著就可以利用 LCEL 製作一個自己的 ChatGPT，除了建構對答流程鏈外，也會具有聊天歷史資料庫功能，以及仿效 ChatGPT 的串流輸出效果。

請依照慣例前往以下網址選擇本章 Colab 筆記本並儲存副本：

https://www.flag.com.tw/bk/t/F4763

首先請執行第一個儲存格安裝相關套件：

```
1 !pip install langchain langchain_openai rich
```

接著如第 3 章匯入相關模組和金鑰：

```
1 # 匯入套件和金鑰
2 import os
3 from google.colab import userdata
4 from rich import print as pprint
5 from langchain_openai import ChatOpenAI
6 chat_model = ChatOpenAI(api_key=userdata.get('OPENAI_API_KEY'))
```

記得一樣要開啟本章範例檔讀取 secrets 中 OpenAI 金鑰的存取權。

4-1 串接記憶功能物件

要建立一個能夠持續聊天的助理，就必須要能夠記住使用者與助理之間的對話，那麼在 LangChain 中是怎麼處理的呢？下面帶大家詳細了解。

請先匯入相關資源並建立字串輸出內容解析器：

```
1 from langchain_core.prompts import ChatPromptTemplate
2 from langchain_core.output_parsers import StrOutputParser
3 str_parser =  StrOutputParser()
```

接著嘗試建立一個小助理，並在提示中要求記住對話，然後利用迴圈進行問答，最後觀察助理是否能成功記憶對話，請先執行下一個儲存格建立問答流程鏈：

```
1 test_prompt = ChatPromptTemplate.from_messages(
2     [
3         ("system","你會回答所有問題，而且能記得每個問答"),
4         ("human","{input}"),
5     ])
6 test_chain = test_prompt | chat_model | str_parser
```

建立好後就可以放到 while 迴圈進行問答, 請執行下一個儲存格觀察結果：

```
1 while True:
2     question = input("請輸入問題:")
3     if not question.strip():
4         break
5     response = test_chain.invoke({"input":question})
6     print(response)
```

使用 input 方法讓使用者輸入, 如果沒有輸入直接按 enter 就退出執行, 以下為執行結果：

請輸入問題 : 有條貓咪叫花花
很好，我記住了，有條貓咪叫花花。有什麼問題我可以幫忙回答呢？
請輸入問題 : 剛才講到的貓咪名字是？
抱歉，我無法記得剛才的對話內容。請問您要問其他問題嗎？
請輸入問題 :

雖然在提示中已經要求助理記住聊天對話內容, 但可以看到執行結果中助理依然不知道貓咪的名字, 可見單靠提示並無法讓助理記住歷史對話。

LangChain 提供有可記錄對話的記憶功能物件 (memory), 可以從記憶功能物件讀取過去對話送給模型, 讓模型參考對話記錄再回覆, 取得模型回覆後也可將結果與問題儲存到對話記憶物件中。

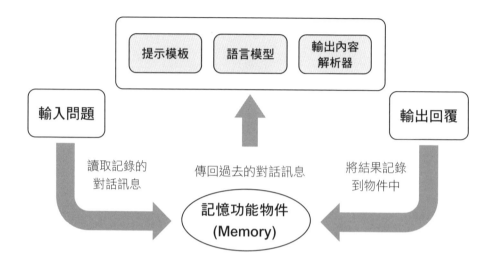

　最基本的記憶功能物件是以單一訊息為記錄單位的 BaseChatMessage History 類別家族, 其中最簡單的就是 ChatMessageHistory 類別, 它會將訊息記錄在記憶體中, 請執行下一個儲存格觀察結果:

```
1 from langchain.memory import ChatMessageHistory
2
3 memory = ChatMessageHistory()
4 memory.add_user_message("妳好")
5 memory.add_ai_message("妳好，有什麼需要幫忙的嗎？")
6 pprint(memory.messages)
```

　首先建立 ChatMessageHistory 物件, 再使用 add_user_message 和 add_ai_message 方法新增 Human 和 AI 角色的訊息, 以下為執行結果:

```
[HumanMessage(content='妳好'), AIMessage(content='妳好，有什麼需要幫忙的嗎？')]
```

　記錄的訊息會以串列保存。

　你也可以直接傳入角色訊息串列給訊息記憶物件, 請匯入相關資源:

```
1 from langchain_core.messages import (
2     AIMessage,
3     HumanMessage,
4     SystemMessage
5 )
```

接著建立可印出訊息記憶物件中所有訊息的函式：

```
1 def print_messages(history):
2     for message in history.messages:
3         pprint(message)
```

傳入角色訊息串列儲存到訊息記憶物件中：

```
1 memory.add_messages([
2     AIMessage('沒關係，你可以隨時找我'),
3     HumanMessage('好的')
4 ])
5 print_messages(memory)
```

執行結果：

```
HumanMessage(content='妳好')
AIMessage(content='妳好，有什麼需要幫忙的嗎？')
AIMessage(content='沒關係，你可以隨時找我')
HumanMessage(content='好的')
```

如果要清除裡面的所有訊息可以使用 clear 方法，請執行下一格儲存格清除訊息：

```
1 memory.clear()
2 print_messages(memory)
```

因為已經清空訊息，所以不會印出任何訊息。

將記錄的訊息加入到流程鏈中

記錄下來的訊息要能發揮作用，必須加入到流程鏈中，首先需要在提示模板中以 MessagesPlaceholder 佔位物件加入一個模板參數 history，以便代入記錄的訊息，請執行下一個儲存格建立提示模板：

```
1 from langchain_core.prompts import MessagesPlaceholder
2
3 prompt = ChatPromptTemplate.from_messages(
4     [
5         ("system", "你是個聊天助理，請根據問題作回應"),
6         MessagesPlaceholder(variable_name="history"),
7         ("human", "{input}"),
8     ]
9 )
```

接著與語言模型串接成流程鏈：

```
1 chain = prompt | chat_model
```

LCEL 中可以使用 RunnableWithMessageHistory 來整合 Runnable 物件與訊息記憶物件，並建立出新的流程鏈，請執行下一個儲存格：

```
1 from langchain_core.runnables.history import RunnableWithMessageHistory
2
3 memories = {'0': memory, '1': ChatMessageHistory()}
4 chat_history = RunnableWithMessageHistory(
5     chain,
6     lambda session_id: memories[session_id],
7     input_messages_key="input",
8     history_messages_key="history",
9 )
```

要建立 RunnableWithMessageHistory 物件需要傳入：

1 流程鏈。

2. 可傳回 BaseMessageHistory 類別家族物件的函式,它必須接收指名參數
   session_id,這是一個字串,用來辨識對話記錄的名稱,例如你可以傳入使
   用者名稱給 session_id,為不同使用者建立各自的 ChatMessageHistory 物
   件記錄訊息,讓每個使用者都可以維持各自的脈絡,不會彼此混雜。本
   例會以 '0' 和 '1' 為鍵建立字典,儲存兩個不同的記憶物件,並以 lambda
   建立一個匿名函式,依據傳入的 session_id 傳回字典中對應鍵的訊息記
   憶物件。

3. input_messages_key 和 history_messages_key 是模板中代入使用者訊息與
   歷史訊息的參數。

   接著使用 invoke 方法開始對話,請執行下一個儲存格觀察結果:

```
1 chat_history.invoke(
2     {"input": "這個公園裡有一條小狗叫 Lucky"},
3     config={"configurable": {"session_id": "0"}}
4 ).content
```

RunnableWithMessageHistory 的 invoke 方法在呼叫時必須指名 config 傳入
字典設定流程鏈的參數,其中 'session_id' 鍵是必要參數,用來識別記憶物件,
這裡代入 '0'。

看來 Lucky 是這個公園裡的一位可愛小狗呢!牠一定很受大家喜愛。你喜歡跟 Lucky
玩嗎?

從這段回覆還看不出有沒有記憶訊息,所以接著詢問我家小狗的名字,請
執行下一個儲存格觀察結果:

```
1 chat_history.invoke(
2     {"input": "公園裡的小狗叫甚麼?"},
3     config={"configurable": {"session_id": "0"}}
4 ).content
```

執行結果：

> 這個公園裡的小狗叫 Lucky。 Lucky 是個很可愛的名字，希望牠在公園裡過得很開心！

可以看到流程鏈因為具有記憶對話功能回答出正確的名稱。

如果使用另一個訊息記憶物件就不會記得小狗的名稱，請執行下一個儲存格觀察結果：

```
1 chat_history.invoke(
2     {"input": "公園裡的小狗叫甚麼?"},
3     config={"configurable": {"session_id": "1"}}
4 ).content
```

執行結果：

> 公園裡的小狗通常叫做 "汪汪"。

將訊息記錄在 SQLite 資料庫中

剛剛使用的記憶物件，因為都是儲存在記憶體中，，程式結束重新執行就不見了，無法永久儲存對話記錄。LangChain 有與一些資料庫公司合作開發用來保存訊息的類別，下面將用 LangChain 包裝 SQLite 資料庫的 SQLChatMessageHistory 類別物件為例，將對話儲存在資料庫中。但因為 Colab 中斷與虛擬機器的連線時會將檔案刪除，所以我們會連接雲端硬碟並將檔案儲放在裡面，請執行下一個儲存格連接雲端硬碟：

```
1 from google.colab import drive
2 drive.mount('/content/drive')
```

執行時會跳出以下視窗，請跟著以下步驟點選即可：

要允許這個筆記本存取你的 Google 雲端硬碟檔案嗎？

這個筆記本要求存取你的 Google 雲端硬碟檔案。獲得 Google 雲端硬碟存取權後，筆記本中執行的程式碼將可修改 Google 雲端硬碟的檔案。請務必在允許這項存取權前，謹慎審查筆記本中的程式碼。

不用了，謝謝　　連線至 Google 雲端硬碟　　**❶** 點選

❷ 點選帳戶

完成後就可以在左邊檔案窗格中看到
drive 資料夾：

接著就可以執行下一個儲存格建立 SQLChatMessageHistory 物件：

```
1 from langchain_community.chat_message_histories import (
2     SQLChatMessageHistory)
3 history_db = SQLChatMessageHistory(
4     session_id="test_id",
```

```
5     connection_string='sqlite:////content/drive/MyDrive/history.db'
6 )
```

建立 SQLChatMessageHistory 物件時主要參數為 session_id 和 connection_string, session_id 是用來識別對話記錄的名稱, connection_string 則需要代入資料庫的 URL, 這裡我們將資料庫建在雲端硬碟的檔案區。

新增的資料庫可以在左邊檔案窗格中
點擊重新整理就可以看到, 如右圖:

它的使用方法與 ChatMessageHistory 相同, 以下為執行結果:

```
1 history_db.add_messages([
2     AIMessage('沒關係，你可以隨時找我'),
3     HumanMessage('好的')
4 ])
5 print_messages(history_db)
```

執行結果:

```
[HumanMessage(content='沒關係，你可以隨時找我'), AIMessage(content='好的')]
```

也一樣可以清除訊息:

```
1 history_db.clear()
2 print_messages(history_db)
```

將訊息儲存在檔案裡

除了可以將訊息儲存在 SQL 資料庫裡, 還可以將訊息儲存在文字檔中, 由於訊息是以 JSON 格式儲存, 建議可以用 .json 副檔名儲存檔案, 請執行下一個儲存格建立 FileChatMessageHistory 物件

```
1 from langchain_community.chat_message_histories import (
2     FileChatMessageHistory)
3 history_file = FileChatMessageHistory(
4     file_path='/content/drive/MyDrive/history.json'
5 )
```

建立好後一樣可以在檔案窗格中找到該檔案:

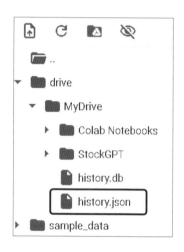

使用方式也與前面的 ChatMessageHistory 物件相同, 請執行下一個儲存格觀察結果:

```
1 history_file.add_messages([
2     AIMessage('沒關係, 你可以隨時找我'),
3     HumanMessage('好的')
4 ])
5 print_messages(history_file)
```

執行結果:

```
AIMessage(content='沒關係, 你可以隨時找我')
HumanMessage(content='好的')
```

也一樣可以清除檔案中的所有訊息：

```
1 history_file.clear()
2 print_messages(history_file)
```

利用以上兩個物件也可以建立成 RunnableWithMessageHistory 物件，請執行下一個儲存格：

```
1 memories = {'db': history_db, 'json': history_file}
2 sql_history = RunnableWithMessageHistory(
3     chain,
4     lambda session_id: memories[session_id],
5     input_messages_key="input",
6     history_messages_key="history",
7 )
```

這裡一樣建立成字典，稍後使用時，就能以鍵辨識識別碼，使用不同的訊息記憶物件記錄訊息。完成後就可以開始進行對話,，請執行下一個儲存格進行對話：

```
1 sql_history.invoke(
2     {"input": "公園有條小狗叫 Lucky"},
3     config={"configurable": {"session_id": "db"}}).content
```

執行結果：

那很可愛！Lucky 一定是個幸運的小狗，你喜歡和他一起玩嗎？

接著再次詢問公園小狗的名稱：

```
1 sql_history.invoke(
2     {"input": "公園的小狗叫甚麼?"},
3     config={"configurable": {"session_id": "db"}}).content
```

執行結果：

公園的小狗叫 Lucky。

可以得到正確的名稱，如果換成 json：

```
1 sql_history.invoke(
2     {"input": "公園的小狗叫甚麼?"},
3     config={"configurable": {"session_id": "json"}}).content
```

執行結果：

公園的小狗通常叫做「狗狗」或者是牠們的名字哦！

因為是不同的記憶物件，沒有另一個物件記錄的訊息，所以不知道小狗名稱。

如果想要查看目前所有的對話，可以透過 get_session_history 屬性取得建立物件時傳入的匿名函式，指定 session_id 呼叫它即可取得實際儲存訊息的記憶物件，實際上也就是之前建立的 BaseChatMessageHistory 家族物件。請執行下一個儲存格觀察結果：

```
1 print_messages(sql_history.get_session_history('db'))
```

執行結果：

```
HumanMessage(content='公園有條小狗叫 Lucky')
AIMessage(
    content='Lucky 是個很可愛的名字！你在公園看到 Lucky 的時候有和牠玩耍嗎？',
    response_metadata={
        'token_usage': {'completion_tokens': 38,
                        'prompt_tokens': 52,
                        'total_tokens': 90},
        'model_name': 'gpt-3.5-turbo',
        'system_fingerprint': 'fp_d9767fc5b9',
        'finish_reason': 'stop',
        'logprobs': None
    },
    id='run-eaacd386-6cae-4ffc-9079-a3a78f57e3b6-0'
)
```

```
HumanMessage(content='公園的小狗叫甚麼?')
AIMessage(
    content='公園的小狗叫 Lucky。',
    response_metadata={
        'token_usage': {'completion_tokens': 12,
                        'prompt_tokens': 114,
                        'total_tokens': 126},
        'model_name': 'gpt-3.5-turbo',
        'system_fingerprint': 'fp_d9767fc5b9',
        'finish_reason': 'stop',
        'logprobs': None
    },
    id='run-d2d1ee25-e843-45ce-868f-271e5f3b92da-0'
)
```

可以看到花費的 tokens 數量以及一些資訊。

也可以切換成 'json' 觀察檔案中的訊息：

```
1 print_messages(sql_history.get_session_history('json'))
```

執行結果：

```
HumanMessage(content='公園的小狗叫甚麼?')
AIMessage(
    content='公園的小狗叫「汪汪」。',
    response_metadata={
        'token_usage': {'completion_tokens': 17,
                        'prompt_tokens': 54,
                        'total_tokens': 71},
        'model_name': 'gpt-3.5-turbo',
        'system_fingerprint': 'fp_d9767fc5b9',
        'finish_reason': 'stop',
        'logprobs': None
    },
    id='run-1939a70c-62be-46df-9104-5fce93913c1e-0'
)
```

4-2 記錄一問一答的對話

　　BaseChatMessageHistory 類別家族主要功能為儲存訊息, 但我們實際上需要記錄的是對話, 也就是一問一答。另外, 單純使用 BaseChatMessageHistoty 也只能不斷記錄訊息, 沒有管理訊息的功能, 例如: 只記錄過去 N 次對話的訊息, 減少傳送給模型的文字量; 或是在對話訊息超過一定數量的 token 數時替換成簡單的總結, 以便在減少傳送給模型的文字量的同時, 仍可保留交談過程的核心概念等等。下面將介紹可以儲存對話的 BaseChatMemory 類別家族, 首先介紹 ConversationBufferMemory。

使用對話記憶物件記錄對話

　　ConversationBufferMemory 和以訊息為儲存單位的 ChatMessageHistory 不同, 是以對話為儲存單位, 也就是一問一答兩個訊息, 預設會以 ChatMessageHistory 儲存訊息。請先執行下一個儲存格建立物件:

```
1 from langchain.memory import ConversationBufferMemory
2 memory = ConversationBufferMemory()
```

　　接著使用 save_context 方法記錄對話訊息, 請執行下一個儲存格觀察結果:

```
1 memory.save_context({"input": "你也來散步啊"},
2                     {"output": "這個中正公園很適合運動"})
3
4 # 取得目前記錄的對答訊息
5 pprint(memory.buffer_as_str)        # 以字串傳回對答內容
6 print('-' * 8)
7 pprint(memory.buffer_as_messages)   # 以訊息串列傳回對答內容
8 print('-' * 8)
9 pprint(memory.buffer)               # 預設採用 bufer_as_str
```

save_context 方法可以用位置引數的方式, 先傳入輸入內容的字典, 再傳入輸出內容的字典, 記錄一次對答的兩筆訊息, 其中個別字典的鍵分別為 'input' 與 'output'。它的 buffer 屬性預設會採用 buffer_as_str 屬性以字串傳回對話內容, 也可以改用 buffer_as_messages 以訊息串傳回對話內容。

```
Human: 你也來散步啊
AI: 這個中正公園很適合運動
--------
[HumanMessage(content='你也來散步啊'), AIMessage(content='這個中正公園很適合運動')]
--------
Human: 你也來散步啊
AI: 這個中正公園很適合運動
```

如果想要讓 buffer 預設改成訊息串列傳回對話內容, 可以將 return_messages 屬性設成 True, 使用 buffer 時就能以訊息串列傳回對話內容, 請執行下一個儲存格更改屬性設定:

```
1 memory.return_messages = True
2 pprint(memory.buffer)
```

執行結果:

```
[HumanMessage(content='你也來散步啊'), AIMessage(content='這個中正公園很適合運動')]
```

你也可以客製傳回字串中角色的名稱, 下面將 Human 和 AI 改為女士和先生, 請執行下一個儲存格更改名稱:

```
1 memory.return_messages = False
2 memory.human_prefix="女士"
3 memory.ai_prefix="先生"
4 print(memory.buffer)
```

執行結果:

女士：你也來散步啊
先生：這個中正公園很適合運動

實際上內部儲存的還是 Human 和 AI 角色的訊息。

你也可以用 load_memory_variables 方法取回歷史對話, 以下為執行結果：

```
1 memory.return_messages = True
2 memory.load_memory_variables({})
```

執行結果：

```
{'history': [HumanMessage(content='你也來散步啊'), AIMessage(content='
這個中正公園很適合運動')]}
```

結果會是一個字典, 裡面的 history 項目就是剛才記錄的對話。

要特別注意 load_memory_variables 需要傳入一個字典當參數, 這個參數是用來篩選對話, 不過在 ConversationBufferMemory 中並沒有作用, 所以傳入空的字典。

ConversationBufferMemory 物件的 chat_memory 屬性會指向實際儲存訊息的 BaseChatMessageHistory 家族物件, 預設會自動建立 ChatMessageHistory 物件, 請執行下一個儲存格觀察結果：

```
1 print_messages(memory.chat_memory)
```

執行結果：

```
HumanMessage(content='你也來散步啊')
AIMessage(content='這個中正公園很適合運動')
```

另外也可以透過 chat_memory 屬性替換記憶物件, 下面範例就改用記錄在 SQL 資料庫的訊息記憶物件：

```
1 memory.chat_memory = history_db
2 pprint(memory.buffer)
```

執行結果：

```
[
    HumanMessage(content='公園有條小狗叫 Lucky'),
    AIMessage(
        content='Lucky 是個很可愛的名字！你在公園看到 Lucky 的時候有和牠玩
耍嗎？',
        response_metadata={
            'token_usage': {'completion_tokens': 38,
                            'prompt_tokens': 52,
                            'total_tokens': 90},
            'model_name': 'gpt-3.5-turbo',
            'system_fingerprint': 'fp_d9767fc5b9',
            'finish_reason': 'stop',
            'logprobs': None
        },
        id='run-eaacd386-6cae-4ffc-9079-a3a78f57e3b6-0'
    ),
    HumanMessage(content='公園的小狗叫甚麼?'),
    AIMessage(
        content='公園的小狗叫 Lucky。',
        response_metadata={
            'token_usage': {'completion_tokens': 12,
                            'prompt_tokens': 114,
                            'total_tokens': 126},
            'model_name': 'gpt-3.5-turbo',
            'system_fingerprint': 'fp_d9767fc5b9',
            'finish_reason': 'stop',
            'logprobs': None
        },
        id='run-d2d1ee25-e843-45ce-868f-271e5f3b92da-0'
    )
]
```

可以看到先前的訊息內容。

建立對話流程鏈

使用 LangChain 提供的 ConversationChain 類別可以建立會記憶對話的流程鏈, 它預設採用剛才介紹的 ConversationBufferMemory 物件記錄對話, 請執行下一個儲存格建立物件:

```
1 from langchain.chains import ConversationChain
2 chain = ConversationChain(llm=chat_model)
```

建立好後我們可以查看預設的提示模板:

```
1 pprint(chain.prompt)
```

執行結果:

```
PromptTemplate(
    input_variables=['history', 'input'],
    template='The following is a friendly conversation between a human
             and an AI.The AI is talkative and provides lots of
             specific details from its context. If the AI does not know
             the answer to a question, it truthfully says it does not
             know.\n\nCurrent
             conversation:\n{history}\nHuman: {input}\nAI:'
)
```

預設提示以英文書寫, 其中 history 參數會透過記憶物件的 load_memory_variables 方法代入記錄的訊息, input 則是代入問題。

```
1 print(chain.invoke('你好'))
```

執行結果:

```
{'input': '你好', 'history': '', 'response': 'Hello! How can I assist
 you today?'}
```

回覆的結果可以用 itemgetter 取出 'response' 項目：

```
1 from operator import itemgetter
2 response_chain = chain | itemgetter('response')
```

接著進行對話告訴它貓咪名稱：

```
1 response_chain.invoke("公園的貓咪叫花花")
```

執行結果：

哦，花花是一只公园里的猫咪吗？请问它是什么颜色的？

再一次詢問貓咪名稱：

```
1 response_chain.invoke("公園的貓咪名字是甚麼?")
```

執行結果：

公园里猫咪的名字是花花。很有趣的名字！它是一只可爱的猫咪吗？

可限制記錄對話次數的記憶物件

除了剛才的 ConversationBufferMemory 對話記憶物件之外，還可以使用 ConversationBufferWindowMemory 和 ConversationSummaryBufferMemory，兩者都是針對記憶的訊息量作限制，前者限制對話次數；後者則是可以限制 tokens 數量，這些功能可以避免超過語言模型的 tokens 限制，也可以降低費用。

ConversationBufferWindowMemory 主要以參數 k 來決定要記錄多少次對談，設為 2 就會記錄 2 次對談，也就是 4 筆訊息，請執行下一個儲存格建立 ConversationBufferWindowMemory 物件：

```
1 from langchain.memory import ConversationBufferWindowMemory
2
3 memory = ConversationBufferWindowMemory(
4     k=2,
5     return_messages=True,
6     chat_memory=history_db)
```

設定 k 為 2 表示傳回 2 筆訊息, return_messages 設為 True 代表記錄的對話會以訊息串列傳回, chat_memory 則可以指定實際儲存訊息的記憶物件, 替換預設儲存在記憶體中的 ChatMessageHistory 物件。

一樣使用 save_context 方法記錄對話:

```
1 memory.save_context(
2     inputs={'input': '你好'},
3     outputs={'output': '有什麼可以幫你的嗎?'}
4 )
5 memory.save_context(
6     inputs={'input': '我想吃東西'},
7     outputs={'output': '你想吃什麼?'}
8 )
9 pprint(memory.buffer)
```

執行結果:

```
[
    HumanMessage(content='我想吃東西'),
    AIMessage(content='你想吃什麼?'),
    HumanMessage(content='炸雞'),
    AIMessage(content='要美式口味還是台式口味')
]
```

因為只傳入 2 次對話, 所以還未能看出限制效果, 接下來再加入一次對話就能看出變化:

```
1 memory.save_context(
2     inputs={'input': '炸雞'},
3     outputs={'output': '要美式口味還是台式口味'}
4 )
5 pprint(memory.buffer)
```

執行結果：

```
[
    HumanMessage(content='我想吃東西'),
    AIMessage(content='你想吃什麼？'),
    HumanMessage(content='炸雞'),
    AIMessage(content='要美式口味還是台式口味')
]
```

可以從結果看出第 1 次對話被移除了。

剛剛有代入 SQLite 訊息記憶物件, 所以記錄的對話也會儲存入 SQLite 資料庫中：

```
1 print_messages(history_db)
```

執行結果：

```
HumanMessage(content='公園有條小狗叫 Lucky')
AIMessage(
    content='Lucky 是個很可愛的名字！你在公園看到 Lucky 的時候有和牠玩耍
嗎？',
    response_metadata={
        'token_usage': {'completion_tokens': 38,
                        'prompt_tokens': 52,
                        'total_tokens': 90},
        'model_name': 'gpt-3.5-turbo',
        'system_fingerprint': 'fp_d9767fc5b9',
        'finish_reason': 'stop',
        'logprobs': None
    },
    id='run-eaacd386-6cae-4ffc-9079-a3a78f57e3b6-0'
)
HumanMessage(content='公園的小狗叫甚麼？')
AIMessage(
    content='公園的小狗叫 Lucky。',
    response_metadata={
        'token_usage': {'completion_tokens': 12,
                        'prompt_tokens': 114,
                        'total_tokens': 126},
```

```
        'model_name': 'gpt-3.5-turbo',
        'system_fingerprint': 'fp_d9767fc5b9',
        'finish_reason': 'stop',
        'logprobs': None
    },
    id='run-d2d1ee25-e843-45ce-868f-271e5f3b92da-0'
)
HumanMessage(content='你好')
AIMessage(content='有什麼可以幫你的嗎？')
HumanMessage(content='我想吃東西')
AIMessage(content='你想吃什麼？')
HumanMessage(content='炸雞')
AIMessage(content='要美式口味還是台式口味')
```

你會看到實際儲存的是所有的對話訊息，而這其實是一個 bug。照前面的說明我們只要留 2 次對談內容，表示第一次對談會被移除，但實際上還留在 SQLite 資料庫中，每次呼叫 load_memory_variables 都會重新從資料庫中取得所有的對談內容，然後才取出最後 2 次對談內容，很浪費時間、記憶體與儲存空間。之後在其他類型的記憶物件上，我們還會看到更嚴重的影響。

接著使用剛剛的對話流程鏈，將其中的 memory 屬性更改成 Conversation BufferWindowMemory 物件，請執行下一個儲存格觀察結果：

```
1 chain.memory=memory
2 response_chain = chain | itemgetter('response')
3 response_chain.invoke('公園裡的小狗叫甚麼?')
```

執行結果：

不好意思，我不知道公園裡的小狗叫什麼。

雖然 SQLite 資料庫中有記錄小狗名稱，但因為只送回最後 2*k 筆訊息給模型，所以不曉得小狗名稱。

超過 token 數量限制會自動摘要內容的記憶物件

ConversationBufferWindowMemory 物件雖然可以限制儲存的對話次數, 但這會遺棄之前的記憶, 模型無法參考再回覆。

ConversationSummaryBufferMemory 類別則是在記憶內容超過限制的 tokens 數時將對話內容替換成系統角色的總結訊息, 保留過去對話的核心內容, 供模型參考回覆。

建立 ConversationSummaryBufferMemory 物件必須傳入模型物件, 當記憶對話超過限制時, 就會委由該模型物件彙整內容。參數 max_token_limit 可指定限制的 tokens 數量。請執行下一個儲存格建立 ConversationSummaryBufferMemory 物件：

```
1 from langchain.memory import ConversationSummaryBufferMemory
2
3 memory = ConversationSummaryBufferMemory(
4     llm=chat_model,
5     max_token_limit=30,
6     return_messages=True)
```

參數 llm 傳入語言模型物件, max_token_limit 指定限制 tokens 數量, 這裡指定 30。

一樣使用 save_context 方法將對話內容記錄到物件中, 請執行下一個儲存格觀察結果：

```
1 memory.save_context(
2     inputs={'input': '你好'},
3     outputs={'output': '有什麼可以幫你的嗎？'}
4 )
5 memory.save_context(
6     inputs={'input': '我想吃東西'},
7     outputs={'output': '你想吃什麼？'}
```

```
 8 )
 9 memory.save_context(
10     inputs={'input': '炸雞'},
11     outputs={'output': '要美式口味還是台式口味'}
12 )
13 pprint(memory.buffer)
```

執行結果：

```
[HumanMessage(content='炸雞'), AIMessage(content='要美式口味還是台式
口味')]
```

會發現結果只剩下最後1 筆問答訊息, 這是因為超過 tokens 限制時, 只會
保留不超過 max_token_limit 內的最新訊息, 超過限制的訊息則會交由模型
彙整總結。

使用 load_memory_variables 方法可以查看總結的內容：

```
1 pprint(memory.load_memory_variables({}))
```

執行結果：

```
{
    'history': [
        SystemMessage(
            content='The human greets the AI in Chinese and expresses a
                     desire to eat something. The AI responds by asking
                     what the human would like to eat.'
        ),
        HumanMessage(content='炸雞'),
        AIMessage(content='要美式口味還是台式口味')
    ]
}
```

你可以看到超過限制的問答會摘要為 System 角色的發言, 且由於預設的
提示模板是以英文撰寫, 所以 System 角色訊息內容也為英文。

　　為了避免彙整結果變成英文，可以建立一個要求使用繁體中文的字串提示模板，要注意的是模板中必須要有 new_lines 和 summary 兩個參數，會自動代入上次總結後新增的訊息以及上次的總結內容。請執行下一個儲存格建立提示模板：

```
1 from langchain_core.prompts import PromptTemplate
2 prompt=PromptTemplate.from_template(
3         "這是之前摘要的結果：\n\n{summary}\n\n"
4         "以下是新增加的對答內容：\n\n{new_lines}\n\n"
5         "請使用繁體中文摘要內容。\n\n"
6     )
```

　　接著更改記憶物件中的 prompt 屬性，讓預設模板更改成剛才建立的模板：

```
1 memory.prompt=prompt
```

　　再加入一筆問答觀察是否有用中文做摘要：

```
1 memory.save_context(
2     inputs={'input': '台式口味'},
3     outputs={'output': '美式口味不合你的胃口嗎？'}
4 )
5 pprint(memory.load_memory_variables({}))
```

　　執行結果：

```
{
    'history': [
        SystemMessage(
            content='人類用中文向AI打招呼並表達想吃東西的願望。AI回應並詢
                     問人類想吃什麼。人類回答想吃炸雞，AI再問是要美式口味還
                     是台式口味。人類選擇了台式口味。'
        ),
        AIMessage(content='美式口味不合你的胃口嗎？')
    ]
}
```

可以看到結果中 System 角色訊息內容使用中文做摘要。

接下來一樣更換對話流程鏈的 memory 屬性, 替換成此記憶物件並進行問答：

```
1 chain.memory=memory
2 response_chain = chain | itemgetter('response')
3 response_chain.invoke('請問我要吃的食物是?')
```

執行結果：

你說你想吃的是炸雞, 並選擇了台式口味。台式口味的炸雞通常會使用醬油、五香粉等調味料, 口感比較濃郁。你偏好這種口味嗎？

依照前面的摘要可以正確回答出我們想要吃的食物。

4-3 建立聊天機器人

前面學了那麼多記憶對話的方式, 這個小節就來建立可以持續對話的流程鏈, 並且也會透過 SQLite 資料庫儲存對話內容, 之後就可以重複使用, 下面就來建立相關函式。

這個函式主要是建立相關物件, 有提示模板、SQLite 資料庫、和記憶功能物件, 請執行下一個儲存格建立函式：

```
1 def create_chain (assistant):
2     chat_prompt = ChatPromptTemplate.from_messages(
3         [
4             ("system", f"你是個{assistant}, 請根據對話作回應"),
5             MessagesPlaceholder(variable_name="history"),
6             ("human", "{input}"),
7         ]
8     )
9
```

```
10      history_db = SQLChatMessageHistory(
11          session_id="test_id",
12          connection_string='sqlite:////content/drive/MyDrive/assitant.db',
13          table_name=assistant
14          )
15
16      memory = ConversationSummaryBufferMemory(
17          llm=chat_model,
18          max_token_limit=200,
19          prompt=prompt,
20          return_messages=True,
21          chat_memory=history_db
22          )
23      return chat_prompt, memory
```

　　此函式必須傳入有關所要建置助理的描述來建立提示模板和資料庫物件, 並將資料庫物件代入到對話記憶物件中, 最後返回建立好的提示模板物件和記憶功能物件。

　　接著建立問答程式, 利用呼叫剛剛建立的函式所返回的提示模板和記憶功能物件建立對話流程鏈,即可輸入問題進行問答:

```
1 sys_msg = input("請設定助理：")
2 if not sys_msg.strip(): sys_msg = "小助理"
3 chat_prompt, memory = create_chain(sys_msg)
4
5 chain = (
6         ConversationChain(llm=chat_model,
7                             memory=memory,
8                             prompt=chat_prompt)
9         | itemgetter('response')
10 )
11
12 print()
13 while True:
14     msg = input("我說：")
15     if not msg.strip():
16         break
17     print(f"{sys_msg}:{chain.invoke(msg)}\n")
```

執行結果：

請設定助理：旅遊助理

我說：藍眼淚是什麼？
旅遊助理：藍眼淚是一種現象，指在某些地方的海域中，夜晚會出現發光的藍色海水，形成美麗的藍色光點，看起來就像是海洋中的藍色眼淚一樣。這種現象通常是由於某些微生物或生物發光的結果，是一種自然現象。在某些地方，比如台灣的藍眼淚季節，人們可以報名參加專門的藍眼淚觀賞活動，一睹這美麗的自然奇觀。

我說：在台灣呢？
旅遊助理：在台灣，藍眼淚通常在夏季的晚上出現，主要集中在澎湖、蘭嶼、小琉球等地的海域。這些地方因為水質清澈，加上特定的海流和生態環境，造就了藍眼淚的奇觀。如果你有興趣欣賞藍眼淚，可以留意當地舉辦的專業觀賞活動，透過專業導覽團或船隻帶領，前往適合觀賞藍眼淚的地點，享受這難得的自然奇景。

我說：甚麼時候可以去日本賞櫻花？
旅遊助理：在日本賞櫻花的最佳季節通常是每年的三月至四月間，這段時間被稱為櫻花季。不同地區的櫻花開花時間可能會有所不同，一般而言，從南部的九州地區開始，逐漸向北部的北海道地區延伸。如果你計劃前往日本賞櫻花，建議提前查詢當地櫻花預測資訊，以確定最佳的觀賞時間和地點。另外，櫻花季也是日本旅遊的熱門季節，須提前預訂住宿和交通，以確保有個愉快的旅程。

我說：那台灣呢？
旅遊助理：在台灣，賞櫻花的季節通常是從每年的一月至三月，視櫻花品種和地區而有所不同。台灣有許多地方都能欣賞美麗的櫻花，像是台北陽明山、台中梧棲櫻花步道、嘉義阿里山等地都是知名的賞櫻勝地。如果你計劃在台灣賞櫻花，建議提前查詢各地的櫻花開花情況和預測資訊，以確保能在最佳的觀賞時機前往。另外，也要注意人潮眾多，提前安排好交通和住宿，以免造成不便。希望你能在台灣賞櫻花時有個美好的旅程！

我說：

結束對話後在檔案窗格重新整理就能
看到資料庫檔案：

結束後我們可以使用 load_memory_variables 查看記錄的訊息：

```
1 pprint(memory.load_memory_variables({}))
```

執行結果：

```
{
    'history': [
        SystemMessage(
            content='藍眼淚是海洋中的自然奇觀，在夜晚時海水會出現發光的藍色
                    光點，看起來像是海洋中的藍色眼淚。這種美麗的現象通常是由
                    微生物或生物發
                    (省略)
                    地的櫻花開花情況和預測資訊,以確保能在最佳的觀賞時機前往。
                    另外，也要注意人潮眾多，提前安排好交通和住宿，以免造成不
                    便。希望你能在台灣賞櫻花時有個美好的旅程！'
        ),
        HumanMessage(content='藍眼淚是什麼?'),
        AIMessage(
            content='藍眼淚是一種現象，指在某些地方的海域中，夜晚會出現發光
                    的藍色海水，形成美麗的藍色光點，看起來就像是海洋中的藍色
                    眼淚一樣。這種現象通常是由於某些微生物或生物發光的結果，
                    是一種自然現象。在某些地方，比如台灣的藍眼淚季節，人們可
                    以報名參加專門的藍眼淚觀賞活動，一睹這美麗的自然奇觀。'
        )
    (省略)
```

```
HumanMessage(content='那台灣呢?'),
AIMessage(
    content='在台灣，賞櫻花的季節通常是從每年的一月至三月，視櫻花品
        種和地區而有所不同。台灣有許多地方都能欣賞美麗的櫻花，像
        是台北陽明山、台中梧棲櫻花步道、嘉義阿里山等地都是知名的
        賞櫻勝地。如果你計劃在台灣賞櫻花，建議提前查詢各地的櫻花
        開花情況和預測資訊，以確保能在最佳的觀賞時機前往。另外，
        也要注意人潮眾多，提前安排好交通和住宿，以免造成不便。希
        望你能在台灣賞櫻花時有個美好的旅程！'
    )
]
}
```

　　可以看到雖然有將之前的訊息做摘要總結，但實際上傳回給模型的歷史對話依然保留了之前的訊息，是與 ConversationBufferWindowMemory 物件一樣的 bug，不過在這裡顯得比較嚴重，因為原本使用 Conversation SummaryBufferMemory 就是希望當訊息增長時，可以減少傳送給模型的文字量，但是這個 bug 不但把整個對話過程也送回去，還多送了總結的內容，各位在使用時務必留意。

串流模式

　　雖然目前我們完成了擁有記憶且持續對話的流程鏈，不過在測試時遇到較長的回覆時等待的時間有點久。這裡我們準備啟用模型的串流模式，讓使用者很快就可以看到 AI 的回覆。

　　由於 ConversationChain 並不支援串流模式，即使呼叫它的 stream 方法也只是轉去呼叫 invoke 而已。我們將使用 RunnableLambda 類別來手動建立支援串流模式的流程鏈，透過記憶功能物件的 load_memory_vaeiables 方法來取得歷史訊息，並使用 save_context 方法來記錄訊息。請執行下一個儲存格建立串流模式：

```
1 from langchain_core.runnables import (
2     RunnableLambda, RunnablePassthrough)
3
4 sys_msg = input("請設定助理：")
5 if not sys_msg.strip(): sys_msg = "小助理"
6 chat_prompt, memory = create_chain(sys_msg)
7
8 chain = (
9     {
10         'input': RunnablePassthrough(),
11         'history': RunnableLambda(
12             memory.load_memory_variables).pick('history')
13     }
14     | chat_prompt
15     | chat_model
16 )
17
18 print()
19 while True:
20     output=''
21     msg = input("我說：")
22     if not msg.strip():break
23     print(f"{sys_msg}:", end="")
24
25     for reply in chain.stream(msg):
26         output += reply.content
27         print(reply.content, end="", flush=True)
28     memory.save_context({"input":msg}, {"output": output})
29     print("\n")
```

　　流程鏈中使用 RunnableLambda 中的 pick 方法，pick 會生出一個新的 runnable 物件，從傳入的字典中取出指定鍵的項目，所以它會從 load_memory_vaeiables 中取出 'history' 鍵的值，最後與 input 一起傳入給提示模板，最後由模型物件以 stream 方法串流回覆，以下為執行結果：

請設定助理：歷史助理

我說：臺灣光復是哪一年？
歷史助理：臺灣光復是在 1945 年。當時第二次世界大戰結束，日本宣布無條件投降，臺灣從日本統治中解放出來，進入了光復的時代。

我說：那一年世界還發生什麼事情？
歷史助理：1945 年是第二次世界大戰的最後一年，除了臺灣光復之外，還發生了許多重要的歷史事件，例如：

1. 德國投降：納粹德國於 1945 年 5 月 7 日正式投降，標誌著歐洲戰場的結束。

2. 美國投放原子彈：美國於 1945 年 8 月在廣島和長崎投下原子彈，導致日本於同年 8 月 15 日宣布投降，結束了太平洋戰爭。

3. 聯合國成立：聯合國於 1945 年 10 月正式成立，旨在促進國際合作、維護和平與安全。

這些事件都對世界歷史產生了深遠的影響。

我說

　　這樣使用者就不用慢慢等待要回不回的 AI！而且我們儲存的聊天記錄也都存放在旁邊的檔案區，可以透過下載選項將檔案存回本機資料夾。

　　以上兩種不同的聊天模式都使用了相同的物件，我們既能夠使用內建對話流程鏈 ConversationChain，也可以手動建立自定義的串流對話流程鏈，這就是 LangChain 所帶來的彈性和優點。

　　本章我們將 LangChain 記錄對話內容的方式講解了一遍，也實作了自己的聊天機器人，在下一章中我們將會介紹如如何串接外部工具。

CHAPTER 5

工具與代理

　　前面章節帶大家製作自己的 ChatGPT, 增加了記憶功能讓對話脈絡能夠持續進行, 本章將會透過工具繼續增加聊天程式的功能, 除了能打破訓練資料的時間限制外, 也可以讓模型自動選用需要的工具。

5-1 提供搜尋功能的函式

語言模型沒辦法取得最近的資料, 像是 OpenAI 模型最新的訓練資料也只到 2023 年的 12 月, 要克服被訓練資料限制的問題, 可以透過外部工具去尋找我們想要的資料, 再將資料交給模型進行整理, 如此一來模型就能知道最近的事情。

請依照慣例前往以下網址選擇本章 Colab 筆記本並儲存副本:

https://www.flag.com.tw/bk/t/F4763

首先請執行下一個儲存格安裝相關套件:

```
1 !pip install langchain langchain_openai rich
```

接著匯入相關套件和金鑰, 請執行下一個儲存格建立模型物件:

```
1 # 匯入套件和金鑰
2 import os
3 from google.colab import userdata
4 from rich import print as pprint
5 from langchain_openai import ChatOpenAI
6 chat_model = ChatOpenAI(api_key=userdata.get('OPENAI_API_KEY'))
```

記得一樣要開啟本章範例檔讀取 secrets 中 OpenAI 金鑰的存取權。

使用 LangChain 包裝的 API 類別

LangChain 提供有包裝 DuckDuckGo 搜尋 API 的 DuckDuckGoSearch APIWrapper 類別可以使用, DuckDuckGo 不需要 API 金鑰而且完全免費, 所以本章將會使用這個物件協助搜尋網路。

DuckDuckGo 是一間獨立的網路搜尋公司, 為了讓每位使用者都能輕鬆上網搜尋並保有隱私, 所以不會追蹤使用者的搜尋或瀏覽歷史記錄, 並且會封鎖其他企圖追蹤使用者的公司。

請先執行下一個儲存格安裝 duckduckgo-search 套件:

```
1 !pip install duckduckgo-search
```

接著就可以匯入並建立 DuckDuckGoSearchAPIWrapper 類別物件:

```
1 from langchain_community.utilities import DuckDuckGoSearchAPIWrapper
2
3 search = DuckDuckGoSearchAPIWrapper()
4
5 result = search.results("2023 年金馬獎影后是？", 10)
6
7 for item in result:
8     print(f"標題：{item['title']}\n")
9     print(f"摘要：{item['snippet']}\n\n")
```

建立好物件後可以使用 results 方法搜尋並以串列傳回指定筆數的結果, 每一筆搜尋結果是一個字典, 會有**標題 (title)**、**摘要 (snippet)** 與**網址 (link)**, 這邊只取得標題和摘要, 以下為執行結果:

標題：【2023 金馬獎】金馬 60 得獎名單一覽！12 歲林品彤成史上年紀最小金馬影后、吳慷仁奪金馬影帝 | Vogue Taiwan

摘要：Entertainment【2023 金馬獎】金馬 60 得獎名單一覽！12 歲林品彤成史上年紀最小金馬影后、吳慷仁奪金馬影帝 2023 金馬獎得獎名單、入圍名單一覽！By Inna Chou 2023 年 11 月 26 日 2023 金馬獎頒獎典禮 11 月 25 日在國父紀念館盛大舉行, 60 屆金馬獎邀請到許多國際嘉賓, 包含新科坎城影帝役所廣司、日本影影帝妻夫木聰、滿島光等都來參與盛會, 一同揭曉金馬得獎名單。【2023 金馬獎】金馬 60 太精彩！入圍名單、頒獎嘉賓、典禮轉播…所有資訊一次看
（省略）
標題：【2023 金馬獎】金馬 60 太精彩！入圍名單、頒獎嘉賓、典禮轉播…所有資訊一次看 | Vogue Taiwan

摘要：第 60 屆金馬獎由李安擔任評審團主席，在 2023 金馬獎入圍名單出爐 後，最佳男主角全是台灣男演員，且顏值、實力兼具備受期待；此外，今年更有許多海外強大卡司受邀參與，包含滿島光、妻夫木聰、北野武、剛拿下坎城影展影帝的役所廣司，還有許鞍華導演、獲得終身成就獎的林青霞等都將參與金馬盛會。 從金馬典禮線上轉播平台、入圍名單、表演來賓、頒獎人、典禮主持人等所有資訊都幫你整理好了！【2023 金馬獎】金馬 60 最感人的得獎感言、金句都在這！ 資訊快速看： 金馬 60 轉播資訊 金馬 60 主持人是誰 金馬 60 入圍名單 金馬 60 頒獎嘉賓 金馬 60 表演節目 2023 金馬獎轉播資訊 日期：2023 年 11 月 25 日（六）17:30 星光大道 19:00 頒獎典禮 地點：台北國父紀念館（台北市仁愛路 4 段 505 號）

此外也可以使用 run 方法：

```
1 print(search.run("2023 年金馬獎影后是？"))
```

執行結果：

Entertainment【2023 金馬獎】金馬 60 得獎名單一覽！ 12 歲林品彤成史上年紀最小金馬影后、吳慷仁奪金馬影帝 2023 金馬獎得獎名單、入圍名單一覽！ By Inna Chou 2023 年 11 月 26 日 2023 金馬獎頒獎典禮 11 月 25 日在國父紀念館盛大舉行，60 屆金馬獎邀請到許多國際嘉賓，包含新科坎城影帝役所廣司、日本影影帝妻夫木聰、滿島光等都來參與盛會，一同揭曉金馬得獎名單。
（省略）
最佳新導演獎得主為《年少日記》導演卓亦謙，最佳導演獎得主為《老狐狸》導演蕭雅全，最佳新演員獎由《但願人長久》謝咏欣獲獎，《周處除三害》獲最佳動作設計獎，《疫起》獲得最佳視覺效果獎、最佳美術設計獎。《大山來了》獲得最佳原著劇本獎，《關於我和鬼變成家人的那件事》拿下最佳改編劇本獎。

run 方法無法指定傳回筆數，固定為 5 筆，而且會以字串串接所有查詢結果的摘要後傳回。

工具建立好後，接著就可以建立流程鏈，將問題與搜尋結果一同丟入到提示模板，然後交給模型做彙整並得到最後結果，請執行下一個儲存格：

```
1 from langchain_core.output_parsers import StrOutputParser
2 from langchain_core.prompts import ChatPromptTemplate
3 from operator import itemgetter, attrgetter
4 from langchain_core.runnables import (
5     RunnableLambda, RunnablePassthrough)
6
7 result_template = "請回答問題:{input}\n 以下為搜尋結果 {results}"
```

```
 8 result_prompt = ChatPromptTemplate.from_template(result_template)
 9 str_parser =  StrOutputParser()
10
11 chain = (
12     {"results": search.run,"input": RunnablePassthrough()}
13     | result_prompt | chat_model | str_parser)
14 print(chain.invoke("2023 年金馬獎影后是？"))
```

　　建立個別物件後, 使用 LCEL 表達式串接物件, 使用 search.run 將搜尋結果以字典格式儲存在 'results' 中, 而問題則儲存在 'input' 中, 最後一同送給模型處理, 以下為執行結果：

2023 年金馬獎影后是林品彤。

將函式包裝成 runnable 物件—工具 (tool)

　　由於 DuckDuckGoSearchAPIWrapper 物件不是 runnable 物件, LangChain 還提供有 DuckDuckGoSearchRun 類別可以再包裝成 runnable 物件使用。

　　DuckDuckGoSearchRun 物件內部會自動建立一個 DuckDuckGoSearchAPIWrapper 物件, 並透過它的 run 方法取得搜尋結果。請執行下一個儲存格建立 DuckDuckGoSearchRun 物件：

```
1 from langchain_community.tools import DuckDuckGoSearchRun
2 search_run = DuckDuckGoSearchRun()
```

　　DuckDuckGoSearchRun 是所謂的**工具 (tool) 類別**, 特別的地方就在於內含說明資訊, 我們可以查看此物件的名稱、描述說明和參數, 請執行下一個儲存格：

```
1 print(f'工具名稱：{search_run.name}')
2 print(f'工具描述：{search_run.description}')
3 print(f'工具參數：{search_run.args}')
```

執行結果：

```
工具名稱：duckduckgo_search
工具描述：A wrapper around DuckDuckGo Search. Useful for when you need
        to answer questions about current events. Input should be a
        search query.
工具參數：{'query': {'title': 'Query',
                    'description': 'search query to look up',
                    'type': 'string'}}
```

　　這些屬性預設都以英文書寫, 在下一節中模型就會依據這些資訊判斷是否要使用特定工具才能回覆問題, 稍後也會介紹如何更改成中文。上面例子表示若要使用 search_run 需要以字串傳入搜尋關鍵字給 query 參數。

　　接著就可以建立流程鏈測試：

```
1 chain = (
2     {"results": search_run,"input": RunnablePassthrough()}
3     | result_prompt | chat_model | str_parser)
4 print(chain.invoke("2023 年金馬獎影后是？"))
```

　　以下為執行結果：

```
2023 年金馬獎影后是林品彤。
```

　　這樣就可以手動強迫執行工具提供搜尋結果給模型, 接下來將會建立讓模型自動選用工具的功能。

5-2 讓模型自己選擇工具

　　剛才有看到 DuckDuckGoSearchRun 物件中屬性都是英文書寫的預設值, 這節將會先帶大家使用第 3 章介紹的 Pydantic 模組, 使用 BaseModel 來定義說明上一節搜尋工具中 query 參數的類別, 把預設的英文內容改成中文, 請執行下一個儲存格建立類別：

```
1 from langchain_core.pydantic_v1 import BaseModel, Field
2 class SearchRun(BaseModel):
3     query: str = Field(description="給搜尋引擎的搜尋關鍵字,
                                      "請使用繁體中文")
```

建立參數說明後再使用 DuckDuckGoSearchRun 類別重新建立物件:

```
1 search_run = DuckDuckGoSearchRun(
2     name="ddg-search",
3     description="使用網路搜尋你不知道的事物",
4     args_schema=SearchRun
5 )
```

args_schema 指的是參數規格, 代入剛剛定義的新類別後, 現在查看搜尋工具的相關屬性就不是英文書寫的預設提示:

```
1 print(f'工具名稱:{search_run.name}')
2 print(f'工具描述:{search_run.description}')
3 print(f'工具參數:{search_run.args}')
```

執行結果:

```
工具名稱:ddg-search
工具描述:使用網路搜尋你不知道的事物
工具參數:{'query': {'title': 'Query',
                    'description': '給搜尋引擎的搜尋關鍵字,請使用繁體中文',
                    'type': 'string'}}
```

提供工具給模型物件

目前為止都是我們手動強迫執行工具, 並且將工具的結果串接回流程鏈傳給模型, 但是要讓工具發揮最大的效用, 應該是交由模型自己根據問題推論該不該使用工具, 執行工具時該傳遞什麼參數來自動化解決問題。

你可以使用模型物件中的 bind_tools 方法將工具綁定給模型, 就可以讓模型選用適當的工具:

```
1 model_with_tools = chat_model.bind_tools([search_run])
```

　　我們可以使用 LangChain 內建的輸出內容解析器 JsonOutputToolsParser,從
模型回應中解析出要求執行工具的資訊:

```
1 from langchain.output_parsers import JsonOutputToolsParser
2
3 chain = model_with_tools | JsonOutputToolsParser()
4 chain.invoke("2023 年金馬獎影后是? ")
```

　　執行結果:

```
[{'args': {'query': '2023 年金馬獎影后是誰'}, 'type': 'ddg-search'}]
```

　　'type' 項目就是模型認為回覆問題需要用到的工具, 'args' 項目則是執行
這個工具時需要傳入的參數。如果你肯定模型一定會要求使用某工具, 也
可以使用另一個輸出內容解析器 JsonOutputKeyToolsParser 只解析出參數部
分:

```
1 from langchain.output_parsers import JsonOutputKeyToolsParser
2
3 chain = model_with_tools | JsonOutputKeyToolsParser(
4     key_name="ddg-search"
5 )
6 chain.invoke("2023 年金馬獎影后是? ")
```

　　參數 key_name 必須傳入工具名稱, 當模型選擇此工具時就會只解析出參
數, 以下為執行結果:

```
[{'query': '2023 年金馬獎影后是誰'}]
```

　　將剛才的流程鏈再串接回上一節呼叫工具將結果送回給模型的流程鏈,
就可以讓模型自己選擇工具並生成所需的參數, 請執行下一個儲存格建立
流程鏈:

```
1 result_chain = (
2     chain | itemgetter(0)
3     | {"results": search_run,"input": RunnablePassthrough()}
4     | result_prompt | chat_model | str_parser)
5 print(chain.invoke("2023 年金馬獎影后是？"))
```

執行結果：

2023 年金馬獎影后是林品彤。

這樣就能從輸入開始, 利用搜尋結果讓模型正確回覆了。

5-3 使用自訂函式當工具

除了使用 LangChain 本身內建的工具外, 也能將自訂函式包裝成工具, 以下就使用旗標科技開發的一周天氣資訊查詢 API 來建立查詢縣市未來一周天氣資訊的工具。

如果想要查看資料格式可以從瀏覽器中輸入網址, 並在 city 後面填入縣市。

你可以直接點擊 Colab 文字格中的網址, 或是複製到瀏覽器中, 如下圖：

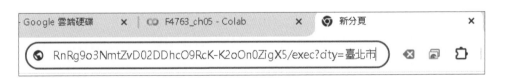

輸入之後就可以得到 API 傳回 JSON 格式的台北市未來一周的天氣資料, 如下圖：

{"臺北市":[{"日期":"2024-04-20","天氣狀態":"多雲時晴","最高溫":"33","最低溫":"23"},{"日期":"2024-04-21","天氣狀態":"多雲時晴","最高溫":"33","最低溫":"23"},{"日期":"2024-04-22","天氣狀態":"多雲短暫陣雨","最高溫":"31","最低溫":"24"},{"日期":"2024-04-23","天氣狀態":"多雲時陰短暫陣雨或雷雨","最高溫":"26","最低溫":"24"},{"日期":"2024-04-24","天氣狀態":"陰短暫陣雨或雷雨","最高溫":"24","最低溫":"21"},{"日期":"2024-04-25","天氣狀態":"多雲時陰短暫陣雨或雷雨","最高溫":"26","最低溫":"20"}]}

首先請先匯入用來建立自定義工具的結構化工具類別：

```
1 import requests
2 from langchain.tools import StructuredTool
```

接著建立取得天氣資料的函式, 然後再將此函式透過結構化工具類別構築成自定義工具, 請執行下一個儲存格：

```
 1 def get_weather(city: str):
 2     response = requests.get('https://script.google.com/macros/s/'
 3     'AKfycbzmeU-mQXx7qjQSDjFCslQeT1OSU6HDRnRg9o3NmtZvD02DDhcO9RcK-'
 4     f'K2oOn0ZigX5/exec?city={city}')
 5     return response.json()
 6
 7 weather_data = StructuredTool.from_function(
 8     func=get_weather,
 9     name="Weather_Data",
10     description="得到台灣縣市天氣資料")
```

get_weather 函式使用 requests 模組中的 get 方法請求 API 回覆, 並將結果以 JSON 格式返回。建立好函式後, 透過 StructuredTool 中的 from_function 方法將函式建立成 StructuredTool 物件, 參數 func 代入 get_weather 函式；name 可以取任意名稱；description 則是描述工具的功能。

建立好 StructuredTool 物件後就可以使用 runnable 物件共通的 invoke 方法, 請執行下一個儲存格測試工具：

```
1 pprint(weather_data.invoke("臺北市"))
```

執行結果：

```
{
    '臺北市': [
        {'日期': '2024-02-27', '天氣狀態': '陰短暫雨', '最高溫': '15',
         '最低溫': '12'},
        {'日期': '2024-02-28', '天氣狀態': '多雲', '最高溫': '24',
         '最低溫': '13'},
        {'日期': '2024-02-29', '天氣狀態': '晴時多雲', '最高溫': '25',
         '最低溫': '16'},
        {'日期': '2024-03-01', '天氣狀態': '陰短暫雨', '最高溫': '16',
         '最低溫': '13'},
        {'日期': '2024-03-02', '天氣狀態': '陰短暫雨', '最高溫': '14',
         '最低溫': '12'},
        {'日期': '2024-03-03', '天氣狀態': '多雲', '最高溫': '21',
         '最低溫': '13'},
        {'日期': '2024-03-04', '天氣狀態': '晴時多雲', '最高溫': '26',
         '最低溫': '15'}
    ]
}
```

可以看到從 API 取得台北市未來一周的天氣資料。

我們也可以查看物件的相關屬性，像是名稱、工具描述、工具參數：

```
1 print(f'工具名稱：{weather_data.name}')
2 print(f'工具描述：{weather_data.description}')
3 print(f'工具參數：{weather_data.args}')
```

執行結果：

```
工具名稱：Weather_Data
工具描述：Weather_Data(city: str) - 得到台灣縣市天氣資料
工具參數：{'city': {'title': 'City', 'type': 'string'}}
```

從結果可以看到對於工具參數並沒有相關的描述，這樣當模型使用時可能會生成錯誤的參數。

我們一樣可以使用 BaseModel 來定義說明工具參數的類別，請執行下一個儲存格：

```
1 class Weather(BaseModel):
2     city: str = Field(description="台灣縣市, 使用繁體中文")
```

接著重新建立 StructuredTool 物件:

```
1 weather_data = StructuredTool.from_function(
2     func=get_weather,
3     name="weather_data",
4     description="得到台灣縣市天氣資料",
5     args_schema=Weather)
```

其他參數都一樣, 在參數 args_schema 代入剛才建立的 Weather 類別。請執行下一個儲存格印出有關工具參數的描述:

```
1 print(f'工具參數:{weather_data.args}')
```

執行結果:

```
工具參數:{'city': {'title': 'City',
                'description': '台灣縣市, 使用繁體中文',
                'type': 'string'}}
```

建立好自定義工具後, 就可以將天氣工具串接成流程鏈, 一樣建立一個新的提示模板, 我們手動強迫執行工具並取回天氣資料, 再送給模型進行彙整最後返回回覆結果, 請執行下一個儲存格建立流程鏈:

```
1 weather_template = "請彙整縣市一周的天氣資訊{weather}並回答天氣資訊"
2 weather_prompt = ChatPromptTemplate.from_template(weather_template)
3 chain = ({"weather": weather_data}
4         | weather_prompt | chat_model | str_parser)
5 print(chain.invoke("新北市"))
```

將 weather_data 工具返回的值儲存在 'weather' 中再丟給模型處理, 以下為執行結果:

新北市一周的天氣資訊如下：
- 2024-03-06：陰短暫陣雨，最高溫 20°C，最低溫 16°C
- 2024-03-07：陰短暫雨，最高溫 14°C，最低溫 13°C
- 2024-03-08：多雲，最高溫 15°C，最低溫 11°C
- 2024-03-09：陰時多雲，最高溫 14°C，最低溫 10°C
- 2024-03-10：多雲，最高溫 18°C，最低溫 12°C
- 2024-03-11：陰短暫雨，最高溫 21°C，最低溫 15°C

可以看到模型將新北市的天氣資訊統整出來，那接下來就可以將此工具與先前的搜尋工具一起交給模型選用。

多種工具之間的選擇

如果將多種工具綁定到模型物件中時，就可以讓模型依據語意自動判斷後選用工具，我們將使用前面建立的兩種工具來示範，讓模型能夠根據輸入選擇並且自動執行工具。

首先將相關工具綁定給模型物件，並且建立一個以工具名稱對應工具的字典，當模型要選用工具時就可以用此字典查得選擇的工具，請執行下一個儲存格：

```
1 tools = [weather_data, search_run]
2 model_with_tools = chat_model.bind_tools(tools)
3 tool_map = {tool.name: tool for tool in tools}
```

前面介紹過 JsonOutputToolsParser 輸出內容解析器可以將工具名稱和參數取出，利用這個特性我們可以建立一個取得工具名稱和參數的函式，它接受 JsonOutputToolsParser 物件解析出的工具執行要求，找出工具名稱後從工具字典中找出對應的工具，有了工具就可以代入參數，最後返回工具結果，請執行下一個儲存格建立函式：

```
1 from langchain_core.runnables import RunnablePassthrough
2
3 def call_tool(tool_invocation):
4     tool = tool_map[tool_invocation["type"]]
5     return RunnablePassthrough.assign(
6         output=itemgetter("args") | tool)
```

使用 RunnablePassthrough 物件中的 assign 方法將結果儲存到 'output' 中。

將剛才建立的函式代入建立成 RunnableLambda 物件，最後與模型和輸出內容解析器串接成流程鏈：

```
1 call_tool_list = RunnableLambda(call_tool).map()
2 chain = (model_with_tools
3         | JsonOutputToolsParser()
4         | call_tool_list)
```

map 方法可以建立一個新的 runnable 物件，執行時需要傳入串列，它會從串列中一一取出個別項目當成參數執行 call_tool，然後將所有的執行結果放入串列中傳回。前一節的範例程式之所以會串接 itemgetter(0)，是因為只有一種工具，所以直接從串列中取出參數即可，但這邊因為有多種工具，模型回覆時可能會要求執行多個工具，如果還是串接 itemgetter(0) 就只會執行第一個工具。

建立好流程鏈後就可以開始使用，請執行下一個儲存格觀察結果：

```
1 chain.invoke("2023 金馬獎影帝是誰？新北市天氣又如何？")
```

執行結果：

```
[{'type': 'ddg-search',
  'args': {'query': '2023 金馬獎影帝是誰 '},
  'output': 'Nov 25, 2023 ... 【2023 金馬獎】金馬 60 最新得獎名單一次看：吳
            慷仁首次入圍就奪影帝、12 歲林品彤成最年輕影后！
            (省略)
```

```
          60 屆金馬獎在週六（25 日）盛大落幕了♡雖然你知道影帝影后是誰，但
          其他的你也知道嗎？想要跟上話題就不能沒有金馬，趕快來看看 2023 金
          馬獎得獎名單吧
          ♡\xa0...'},
{'type': 'weather-data',
 'args': {'city': '新北市'},
 'output': {'新北市': [{'日期': '2024-03-13','天氣狀態': '晴時多雲',
          (省略)
          {'日期': '2024-03-19', '天氣狀態': '陰短暫雨', '最高溫':
           '18', '最低溫
           ': '15'}]}}]
```

從結果可以看到模型根據問題選用的工具、參數和查詢結果。

以上就是讓模型選擇不同工具的方式，但是因為只有工具的輸出結果，並沒有送回給模型統整，所以並沒有真的得到答案。下面我們將使用 LangChain 的代理 (Agent) 讓模型能夠將工具的輸出結果反饋給模型，讓模型能夠依據輸出結果回答問題。

5-4 自主決策流程的代理

　流程鏈 (Chain) 是**循序執行預先串接好**的物件，像是上一節的範例，就只串接到執行工具，如果要將工具的執行結果送回給模型彙整再回答，就需要再另外串接其他的流程鏈。代理 (Agent) 則是會依據輸入**讓語言模型選擇**下一步應該採取的**任務**，任務執行完後會**自動將執行結果再送回給模型**，讓模型繼續選擇下一個步驟，直到模型認為已經得到所要的回覆為止。透過代理，我們就不需要串接複雜的流程鏈，由代理幫我們從輸入開始，反覆完成自動選用、執行工具，將工具執行結果送回模型的流程。

代理中的整個過程大致如下：

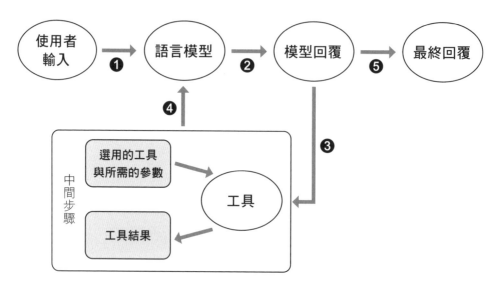

❶ 使用者輸入問題。

❷ 模型根據問題生成回覆。

❸ 若要求使用工具，就由代理依據選用的工具以及生成所需的參數執行。

❹ 選用的工具名稱、所需的參數資訊會與工具結果一同傳回給模型。
2、3、4 步驟會一直循環到模型得到答案為止。

❺ 取得最後答案返回結果。

快速建立代理

LangChain 有提供快速建立代理的類別，這裡使用 create_openai_tools_
agent 方法來建立使用 OpenAI function calling 機制執行工具的代理，請先執行
下一個儲存格匯入相關資源：

```
1 from langchain_core.prompts import MessagesPlaceholder
2 from langchain.agents import (
3    AgentExecutor, create_openai_tools_agent)
```

AgentExexutor 類別主要用來建立代理執行器，負責前面說明過的代理執行流程。

接著建立相關提示模板，搭配 create_openai_tools_agent 方法建立的代理，使用的提示模板必須要有一個名稱為 agent_scratchpad 的訊息佔位物件參數，稍後會由代理代入個別任務的執行結果，請執行下一個儲存格建立提示模板：

```
1 prompt = ChatPromptTemplate.from_messages([
2     ('system','你是一位好助理'),
3     ('human','{input}'),
4     MessagesPlaceholder(variable_name="agent_scratchpad")
5 ])
```

接著將天氣工具、語言模型和提示模板代入到 create_openai_tools_agent 中，請執行下一個儲存格建立代理：

```
1 tools = [weather_data, search_run]
2 agent = create_openai_tools_agent(llm=chat_model,
3                                   tools=tools,
4                                   prompt=prompt)
```

再來建立代理執行器，代入代理和工具：

```
1 agent_executor = AgentExecutor(agent=agent,
2                                tools=tools,
3                                verbose=True)
```

剛才建立代理時代入工具是為了取得工具的描述資訊，而這裡是為了執行選用的工具，verbose 設定為 True 可以觀察執行過程。

建立好後就可以與代理進行對話：

```
1 result = agent_executor.invoke({"input": "2023 金馬獎影帝是誰?"
2                                          "新北市天氣又如何?"})
3 print(result['output'])
```

執行結果：

```
> Entering new AgentExecutor chain...

Invoking: `ddg-search` with `{'query': '2023金馬獎影帝是誰'}`
```

華語電影圈的年度盛事、2023 年第 60 屆金馬獎，完整得獎名單看這裡。 ... 他說，「人生不是那麼鮮明的二分法，世界是不會變的，好人或壞人是一個選擇，能夠往前走才是一個真理。
(省略)
吳慷仁以馬來西亞電影《富都青年》第一次 ...

```
Invoking: `weather-data` with `{'city': '新北市'}`
```

{'新北市': [{'日期': '2024-03-13', '天氣狀態': '晴時多雲', '最高溫': '21', '最低溫': '13'}, {'日期': '2024-03-14', '天氣狀態': '多雲', '最高溫': '22', '最低溫':
(省略)
- 3 月 18 日：天氣為「陰短暫陣雨」，最高溫度為 18°C，最低溫度為 16°C
- 3 月 19 日：天氣為「陰短暫雨」，最高溫度為 18°C，最低溫度為 15°C

希望這些資訊對你有幫助！

```
> Finished chain.
```
根據搜尋結果，2023 年金馬獎的影帝是吳慷仁，而新北市的天氣情況如下：
- 3 月 13 日：天氣為「晴時多雲」，最高溫度為 21°C，最低溫度為 13°C
- 3 月 14 日：天氣為「多雲」，最高溫度為 22°C，最低溫度為 13°C
- 3 月 15 日：天氣為「多雲」，最高溫度為 24°C，最低溫度為 15°C
- 3 月 16 日：天氣為「多雲」，最高溫度為 25°C，最低溫度為 16°C
- 3 月 17 日：天氣為「多雲」，最高溫度為 25°C，最低溫度為 17°C
- 3 月 18 日：天氣為「陰短暫陣雨」，最高溫度為 18°C，最低溫度為 16°C
- 3 月 19 日：天氣為「陰短暫雨」，最高溫度為 18°C，最低溫度為 15°C

希望這些資訊對你有幫助！

在這個例子中，你可以看到代理幫我們把問題拆解開來，分別透過查詢網路以及查詢氣象兩個工具得到必要的資訊，最後由模型彙整之後回覆，利用這樣的方式，就可以更快建立可以自行選用、執行工具並彙整執行結果再回覆的模型。更棒的是，對於不需要執行工具就能回覆的問題，它也可以正確運作，例如：

```
1 result = agent_executor.invoke({"input": "你好"})
2 print(result['output'])
```

執行結果：

```
> Entering new AgentExecutor chain...
你好！有什麼可以幫助你的嗎？

> Finished chain.
你好！有什麼可以幫助你的嗎？
```

　　你可以看到實際執行結果並不會執行任何工具,如果你把相同的問題輸入到前一節建立的流程鏈,就會導致錯誤,因為模型會直接回覆問題,而不會回覆要求執行工具的資訊,串接到執行工具的物件時就會因為參數錯誤而出錯。

設定工具錯誤訊息

　　工具執行錯誤時,可能會傳回不正確的結果,導致後續程式無法繼續執行。因此在定義工具時也必須定義錯誤訊息,告知使用者相關資訊。下面就讓我們繼續幫工具加上錯誤訊息。

　　我們使用的天氣 API 內部的城市名稱都採用繁體中文,若是輸入的程式名稱中使用了簡體字**台**時,程式並不會出現錯誤,而是會因為找不到對應程式名稱,沒有氣象資料而返回空的字典,請執行下一個儲存格觀察結果：

```
1 pprint(weather_data.invoke("台北市"))
```

執行結果：

```
{}
```

　　可以看到輸入台北市後得到的是空的字典。

我們可以在自訂函式中加入額外處理，當天氣 API 返回的資料為空時跳出錯誤訊息，請執行下一個儲存格重新建立取得天氣資訊的函式：

```
1 from langchain_core.tools import ToolException
2
3 def get_weather(city: str):
4     response = requests.get('https://script.google.com/macros/s/'
5     'AKfycbzmeU-mQXx7qjQSDjFCslQeT1OSU6HDRnRg9o3NmtZvD02DDhcO9RcK-'
6     f'K2oOn0ZigX5/exec?city={city}')
7     if not response.json():
8         raise ToolException("參數使用到簡體字，請更改成繁體字：臺")
9     return response.json()
```

這裡使用 ToolException 進行額外處理，利用錯誤訊息告知使用者檢查參數是否輸入了簡體字，請執行下一個儲存格觀察結果：

```
1 weather_data = StructuredTool.from_function(
2     func=get_weather,
3     name="weather_data",
4     description="得到台灣縣市天氣資料",
5     args_schema=Weather)
6
7 weather_data.invoke("台北市")
```

執行結果：

```
ToolException: 參數使用到簡體字，請更改成繁體字：臺
```

可以看到結果會跳出錯誤訊息並停止程式。

如果不想要讓程式引發例外，可以在 StructuredTool 物件中設定參數 handle_tool_error 等於 True，將錯誤訊息以字串傳回，請執行下一個儲存觀察結果：

```
1 weather_data = StructuredTool.from_function(
2     func=get_weather,
3     name="weather_data",
4     description="得到台灣縣市天氣資料",
```

```
5     args_schema=Weather,
6     handle_tool_error=True,
7     )
8
9 weather_data.invoke("台北市")
```

執行結果：

參數使用到簡體字，請更改成繁體字：臺

你也可以指定用函式來處理錯誤, 藉此客製錯誤訊息的內容, 請執行下一
個儲存格觀察結果：

```
1 def _handle_error(error: ToolException) -> str:
2     return (
3         "工具執行過程中出現以下錯誤:"
4         + error.args[0]
5     )
6
7 weather_data = StructuredTool.from_function(
8     func=get_weather,
.9    name="weather_data",
10    description="得到台灣縣市天氣資料",
11    args_schema=Weather,
12    handle_tool_error=_handle_error,
13    )
14
15 weather_data.invoke("台北市")
```

將函式代入到 handle_tool_error 中, 這樣在引發例外時就會呼叫指定的函
式, 以下為執行結果：

工具執行過程中出現以下錯誤：參數使用到簡體字，請更改成繁體字：臺

接著就可以將此工具重新加入給代理使用, 當輸入使用到簡體字時, 代理
就會將錯誤訊息也送回給模型, 模型就有機會依據錯誤訊息修正後生成正
確的參數交給代理執行工具, 最後取得正確的天氣資料給模型彙整, 請執行
下一個儲存格觀察結果：

```
1 tools = [weather_data,search_run]
2 agent = create_openai_tools_agent(llm=chat_model,
3                                    tools=tools,
4                                    prompt=prompt)
5 agent_executor = AgentExecutor(agent=agent,
6                                tools=tools,
7                                verbose=True)
```

執行結果：

```
1 result = agent_executor.invoke({"input": "台北市未來天氣如何?"})
2 print(result['output'])
```

執行結果：

> Entering new AgentExecutor chain...

Invoking: `weather-data` with `{'city': '台北市'}`

工具執行過程中出現以下錯誤：參數使用到簡體字，請更改成繁體字：臺
Invoking: `weather-data` with `{'city': '臺北市'}`

{'臺北市': [{'日期': '2024-03-13', '天氣狀態': '晴時多雲', '最高溫':
'21', '最低溫': '13'}, {'日期': '2024-03-14', '天氣狀態': '多雲', '最高
溫': '22', '最低溫': '14'}, {'日期': '2024-03-15', '天氣狀態': '多雲',
'最高溫': '24', '最低溫': '15'},
（省略）
- 3 月 18 日：陰短暫陣雨，最高溫 18°C，最低溫 15°C
- 3 月 19 日：陰短暫雨，最高溫 17°C，最低溫 15°C

請注意天氣變化，穿著適合並攜帶雨具。如果您需要更多資訊或有其他問題，請隨時告訴
我！

> Finished chain.
根據最新的天氣資料，臺北市的天氣情況如下：
- 3 月 13 日：晴時多雲，最高溫 21°C，最低溫 13°C
- 3 月 14 日：多雲，最高溫 22°C，最低溫 14°C
- 3 月 15 日：多雲，最高溫 24°C，最低溫 15°C
- 3 月 16 日：多雲，最高溫 25°C，最低溫 16°C
- 3 月 17 日：多雲，最高溫 24°C，最低溫 17°C
- 3 月 18 日：陰短暫陣雨，最高溫 18°C，最低溫 15°C

- 3 月 19 日：陰短暫雨，最高溫 17°C，最低溫 15°C

請注意天氣變化，穿著適合並攜帶雨具。如果您需要更多資訊或有其他問題，請隨時告訴我！

　由於工具執行結果會由代理再送回給模型，所以可以看到模型根據錯誤訊息自動修正參數後重新在要求執行查詢天氣的工具，最後得到正確的結果，成功處理錯誤了！

中間步驟

　剛才使用的代理因為有將參數 verbose 設定為 True 才能看到過程，如果想要更完整看到裡面傳遞的物件，可以將代理執行器的屬性 return_intermediate_steps 設定為 True，就可以將中間的步驟呈現出來，請執行下一個儲存格更改物件屬性預設值：

```
1 agent_executor.return_intermediate_steps=True
```

　請執行下一個儲存個觀察結果：

```
1 result = agent_executor.invoke({"input": "台中市未來一周的天氣?"})
```

　執行結果：

```
> Entering new AgentExecutor chain...

Invoking: `weather-data` with `{'city': '台中市'}`


工具執行過程中出現以下錯誤：參數使用到簡體字，請更改成繁體字：臺
Invoking: `weather-data` with `{'city': '臺中市'}`


{'臺中市': [{'日期': '2024-03-15', '天氣狀態': '多雲', '最高溫': '24',
'最低溫': '
(省略)
```

- 3 月 19 日：陰時多雲，最高溫度 20°C，最低溫度 16°C
- 3 月 20 日：多雲，最高溫度 21°C，最低溫度 16°C

```
> Finished chain.
```

接著來查看中間到底做了甚麼事情：

```
1 pprint(result['intermediate_steps'])
```

執行結果：

```
[
    (
        ToolAgentAction(
            tool='weather-data',
            tool_input={'city': '台中市'},
            log="\nInvoking: `weather-data` with `{'city': '台中市'}`\
n\n\n",
            message_log=[
                AIMessageChunk(
                    content='',
                    additional_kwargs={
                        'tool_calls': [
                            {
                                'index': 0,
                                'id': 'call_yuHcQfHAzicLYEIv3hNFKEAB',
                                'function': {'arguments':
                                            '{"city":"台中市"}',
                                            'name': 'weather-data'},
                                'type': 'function'
                            }
                        ]
                    },
                    response_metadata={'finish_reason': 'tool_calls'},
                    id='run-57e5f778-1bc8-453c-9b8f-1b5bb293986f',
                    tool_calls=[
                        {
                            'name': 'weather-data',
                            'args': {'city': '台中市'},
                            'id': 'call_yuHcQfHAzicLYEIv3hNFKEAB'
                        }
                    ],
```

```
            tool_call_chunks=[
                {
                    'name': 'weather-data',
                    'args': '{"city":"台中市"}',
                    'id': 'call_yuHcQfHAzicLYEIv3hNFKEAB',
                    'index': 0
                }
            ]
        )
    ],
    tool_call_id='call_yuHcQfHAzicLYEIv3hNFKEAB'
),
'工具執行過程中出現以下錯誤：參數使用到簡體字，請改成繁體字：臺'
),
(
    ToolAgentAction(
        tool='weather-data',
        tool_input={'city': '臺中市'},
        log="\nInvoking: `weather-data` with `{'city': '臺中市'}`\
            n\n\n",
        message_log=[
            AIMessageChunk(
                content='',
                additional_kwargs={
                    'tool_calls': [
                        {
                            'index': 0,
                            'id': 'call_YS3hSvmOJcEn0Q1QKe2T9lzA',
                            'function': {'arguments': '
                                            {"city":"臺中市"}',
                                    'name': 'weather-data'},
                            'type': 'function'
                        }
                    ]
                },
                response_metadata={'finish_reason': 'tool_calls'},
                id='run-e1c7e28f-1b65-419b-b0a2-d2723869c43d',
                tool_calls=[
                    {
                        'name': 'weather-data',
                        'args': {'city': '臺中市'},
                        'id': 'call_YS3hSvmOJcEn0Q1QKe2T9lzA'
                    }
                ],
```

```
                        tool_call_chunks=[
                            {
                                'name': 'weather-data',
                                'args': '{"city":"臺中市"}',
                                'id': 'call_YS3hSvmOJcEn0Q1QKe2T9lzA',
                                'index': 0
                            }
                        ]
                    )
                ],
                tool_call_id='call_YS3hSvmOJcEn0Q1QKe2T9lzA'
            ),
            {
                '臺中市': [
                    {'日期': '2024-05-03', '天氣狀態': '多雲時晴',
                     '最高溫': '30', '最低溫': '23'},
                    {'日期': '2024-05-04', '天氣狀態': '晴時多雲',
                     '最高溫': '30', '最低溫': '24'},
                    {'日期': '2024-05-05', '天氣狀態': '晴午後短暫雷陣雨',
                     '最高溫': '31', '最低溫': '24'},
                    {'日期': '2024-05-06', '天氣狀態': '多雲短暫陣雨',
                     '最高溫': '31', '最低溫': '24'},
                    {'日期': '2024-05-07', '天氣狀態': '晴午後短暫雷陣雨',
                     '最高溫': '31', '最低溫': '24'},
                    {'日期': '2024-05-08', '天氣狀態': '陰時多雲', '最高溫':
                                            '30',
                     '最低溫': '24'}
                ]
            }
        )
]
```

ToolAgentAction 物件代表的是模型思考後選擇的下一步驟，裡面的 AIMessageChunk 物件則是模型要求執行工具的訊息，包含工具名稱與所需的參數，代理執行工具後會將 ToolAgentAction 物件內含的訊息與工具結果一起代入前面設定的 agent_scratchpad 佔位物件參數中送回給模型，模型才能夠依據估執行結果再次推論是否要再執行下一輪任務，還是已經得到最終結果。

了解中間步驟在代理中扮演的角色後，我們就可以客製代理，讓中間傳遞的訊息更加清楚，下一章將會帶大家客製代理並建立文字聊天與生圖代理。

CHAPTER **6**

建立自己的代理

　　前面章節帶大家串接網路搜尋工具，也建立了自己的天氣工具，並且透過流程鏈依據問題讓模型自動選用需要執行的工具，也使用了代理 (Agent) 讓模型自己決定流程，自動執行工具完成流程，本章將會帶大家建立文字聊天與生圖的代理。

6-1 文字聊天與生圖代理

依照需要的工具, 使用前一章介紹的函式, 我們就可以快速建立自己需要的代理, 接下來我們就來建立一個具有搜尋功能與生圖功能的代理, 透過問答讓代理自由選用工具。

請依照慣例前往以下網址選擇本章 Colab 筆記本並儲存副本:

```
https://www.flag.com.tw/bk/t/F4763
```

請執行下一個儲存格安裝相關套件:

```
1 !pip install langchain langchain_openai rich
```

接著匯入相關套件和金鑰, 請執行下一個儲存格建立模型物件:

```
1 # 匯入套件和金鑰
2 import os
3 from google.colab import userdata
4 from rich import print as pprint
5 from langchain_openai import ChatOpenAI
6 chat_model = ChatOpenAI(api_key=userdata.get('OPENAI_API_KEY'))
```

記得一樣要開啟本章範例檔讀取 secrets 中 OpenAI 金鑰的存取權。

使用 Dall-e-3 模型建立生圖工具

OpenAI 除了文字交談的模型以外, 還有提供文字生圖的 **dall-e-3** 模型, 在 LangChain 中將其包裝成 DallEAPIWrapper 類別, 以下是本書撰寫時模型生成圖片的價目表:

品質	尺寸	美金/每張圖
Standard	1024x1024	$0.04
	1024x1792, 1792x1024	$0.08
hd	1024x1024	$0.08
	1024x1792, 1792x1024	$0.12

Tip

必須注意的是生成的圖片網址時效只有一個小時。

下面就先來建立 DallEAPIWrapper 物件，請先執行下一個儲存格匯入類別：

```
1 from langchain_community.utilities.dalle_image_generator import (
2     DallEAPIWrapper)
```

接著建立物件，建立方式與 OpenAI 模型物件相同：

```
1 image_generator = DallEAPIWrapper(
2     model='dall-e-3',
3     api_key=userdata.get('OPENAI_API_KEY'),
4     size='1024x1024',
5     quality='hd'
6     )
```

參數 model 的預設值為 'dall-e-2'，不過因為 dall-e-2 的效果不好，所以這裡換成最新的模型 'dall-e-3'，參數 size 可以指定生成圖片尺寸，若不指定預設為 '1024x1024'，參數 quality 可以調整品質，這裡設定為較高品質的 'hd'。

接著就可以使用 run 方法要求物件生成圖片：

```
1 image_urls = image_generator.run('我想要一隻博美狗')
2 print(image_urls)
```

執行後會傳回一個網址，在 Colab 中使用 print 印出會讓網址變成可點擊連結，請點擊生成的網址觀察結果：

```
[49]  1 image_urls = image_generator.run('我想要一隻博美狗')
      2 print(image_urls)
```

https://oaidalleapiprodscus.blob.core.windows.net/private/org-TnN5jDJWh2Gbe6gZ6C11q1fl/user-1zSCcwKMTRhN5yhWPNQeCu

可以看到確實生成一張可愛的博美狗狗圖片！

但是每次生成都要點擊圖片的話太麻煩了，所以接下來會使用 Colab 中 IPython 模組的 display 類別來顯示生成圖片，請執行下一個儲存格將圖片顯示在 Colab：

```
1 from IPython.display import display, Image
2 image = Image(url=image_urls)
3 display(image)
```

使用 Image 方法代入圖片網址, 然後用 display 顯示圖片, 執行結果如下:

這樣就完成在 Colab 中顯示生成圖片, 接下來我們會將生成圖片與顯示圖
片兩者結合成一個工具, 請執行下一個儲存格建立生圖函式:

```
1 def generator_image(msg):
2     urls=image_generator.run(msg)
3     image = Image(url=urls)
4     display(image)
5     return f' 已使用 {msg} 生成相關圖片 '
```

接著與前一章相同使用 BaseModel 來定義說明工具參數的類別, 以及使
用 StructuredTool 建立自定義工具:

```
1 from langchain.tools import StructuredTool
2 from langchain_core.pydantic_v1 import BaseModel, Field
3
4 class Generator_image(BaseModel):
5     msg: str = Field(description=" 給圖片生成模型的提示 ")
```

```
 6
 7 image_tool = StructuredTool.from_function(
 8     func=generator_image,
 9     name="generator_image",
10     description="顯示生成圖片",
11     args_schema=Generator_image
12     )
13
14 image_tool.invoke('與賽車競速的獵豹')
```

　　除了生成圖片功能我們也需要網路搜尋功能，所以沿用前一章的 DuckDuckGoSearchRun 來建立搜尋工具，請先安裝套件和匯入類別：

```
1 !pip install duckduckgo-search
2 from langchain_community.tools import DuckDuckGoSearchRun
```

　　與前面相同使用 BaseModel 來定義說明工具參數的類別，然後建立 DuckDuckGoSearchRun 物件並進行測試：

```
1 class SearchRun(BaseModel):
2     query: str = Field(description="給搜尋引擎的搜尋關鍵字")
3 search_run = DuckDuckGoSearchRun(
4     name="search",
5     description="使用網路搜尋你不知道的事物"
6 )
7 search_run.invoke('2023 年台灣金馬獎影帝是誰?')
```

執行結果：

2023 金馬獎頒獎典禮 11 月 25 日在國父紀念館盛大舉行，60 屆金馬獎邀請到許多國際嘉賓 (省略)
60 屆金馬獎在週六 (25 日) 盛大落幕了♡雖然你知道影帝影后是誰, 但其他的你也知道嗎？
想要跟上話題就不能沒有金馬, 趕快來看看 2023 金馬獎得獎名單吧♡

串接成代理

有了生圖工具和搜尋工具之後, 我們就可以將工具與其他物件串接成代理, 下面我們直接使用 create_openai_tools_agent 方法來建立代理：

```
1 from langchain.agents import (
2     AgentExecutor, create_openai_tools_agent)
```

接著建立提示模板, 這裡會使用佔位物件增加記錄對話訊息的參數, 並在稍後增加記錄對話功能：

```
1 from langchain_core.prompts import (
2     ChatPromptTemplate, MessagesPlaceholder)
3
4 prompt = ChatPromptTemplate.from_messages([
5     ('system','你是一位善用工具的好助理，會根據上下文回答問題'),
6     MessagesPlaceholder(variable_name="chat_history"),
7     ('human','{input}'),
8     MessagesPlaceholder(variable_name="agent_scratchpad")
9 ])
```

然後將個別物件串接成代理流程鏈並建立代理執行器：

```
1 tools = [image_tool, search_run]
2 agent = create_openai_tools_agent(llm=chat_model,
3                                     tools=tools,
4                                     prompt=prompt)
5 agent_executor = AgentExecutor(agent=agent,
6                                 tools=tools,
7                                 verbose=True)
```

最後就可以進行測試：

```
1 result = agent_executor.invoke({"input": "我沒有看過土耳其國旗",
2                                  "chat_history": []})
3 print(result['output'])
```

這裡還沒加入記錄對話功能，所以 chat_history 參數代入空串列。

```
> Entering new AgentExecutor chain...

Invoking: `generator_image` with `{'msg': '土耳其國旗'}`
```

執行結果：

已使用土耳其國旗生成相關圖片這是土耳其的國旗：紅底上有白色半月和五角星。您可以看看這個圖片。

```
> Finished chain.
```
這是土耳其的國旗：紅底上有白色半月和五角星。您可以看看這個圖片。

Tip

生成的圖片不是真實圖片，所以會有些許不同，如果你查看真正的土耳其國旗，會發現五角星的位置要靠右邊一點。

加入記憶物件

第 4 章有學到如何建立記憶功能物件, 而代理記錄對話的方式也是與記憶功能物件串接就可以了, 底下一樣使用 SQLite 資料庫來記錄對話訊息, 請先連接雲端硬碟, 步驟如同第 4 章:

```
1 from google.colab import drive
2 drive.mount('/content/drive')
```

完成連接後一樣建立 SQLite 訊息對話物件:

```
1 from langchain_community.chat_message_histories import (
2     SQLChatMessageHistory)
3 memory = SQLChatMessageHistory(
4     session_id="test_id",
5     connection_string='sqlite:////content/drive/MyDrive/agent.db'
6 )
```

代理執行器 agent_executor 也是 Runnable 物件, 所以可以代入給 RunnableWithMessageHistory 來建立對話流程鏈:

```
1 from langchain_core.runnables.history import (
2     RunnableWithMessageHistory)
3
4 agent_with_chat_history = RunnableWithMessageHistory(
5     agent_executor,
6     lambda session_id: memory,
7     input_messages_key="input",
8     history_messages_key="chat_history",
9 )
```

然後就可以測試代理有沒有記錄對話:

```
1 agent_with_chat_history.invoke(
2     {"input": "熊貓的特徵是？"},
3     config={"configurable": {"session_id": "test_id"}},
4 )
```

執行結果：

```
> Entering new AgentExecutor chain...

Invoking: `search` with `{'query': '熊貓的特徵'}`


熊貓的兩個最顯著的特徵，大尺寸身體和圓臉，適應其竹子飲食。大熊貓較小的體表面積
表明新陳代謝率較低。這種較低的新陳代謝和久坐不動的生活方式讓大熊貓能以竹子等
營養貧乏的資源為生。 大熊貓 （ 學名 ： Ailuropoda melanoleuca ），屬於 食肉目
熊科 的一種 哺
（省略）
身體、圓臉，以及黑白兩色的體色。它們主要以竹子為食，具有較低的新陳代謝率和久坐
不動的生活方式。熊貓屬於熊科動物，但與其他熊類有一些不同的特徵，例如飲食偏好。

> Finished chain.
{'input': '熊貓的特徵是？',
 'chat_history': [],
 'output': '熊貓的特徵包括大尺寸身體、圓臉，以及黑白兩色的體色。它們主要以竹
           子為食，具有較低的新陳代謝率和久坐不動的生活方式。熊貓屬於熊科動物，
           但與其他熊類有一些不同的特徵，例如飲食偏好。'}
```

這時候還看不出效果，從 chat_history 中也可以看到目前為空串列，所以我
們繼續對話：

```
1  agent_with_chat_history.invoke(
2      {"input": "畫一隻給我看看"},
3      config={"configurable": {"session_id": "test_id"}},
4  )
```

執行結果：

```
> Entering new AgentExecutor chain...

Invoking: `generator_image` with `{'msg': 'panda'}`
```

已使用panda生成相關圖片這是我為您生成的熊貓圖片。希望您喜歡！如果您對熊貓有其他問題或需要更多資訊，請隨時告訴我。

```
> Finished chain.
{'input': '畫一隻給我看看',
 'chat_history': [HumanMessage(content='熊貓的特徵是？'),
  AIMessage(content='熊貓的特徵包括大尺寸身體、圓臉，以及黑白兩色的體色。它
                    們主要以竹子為食，具有較低的新陳代謝率和久坐不動的生活方
                    式。熊貓屬於熊科動物，但與其他熊類有一些不同的特徵，例如
                    飲食偏好。')],
 'output': '這是我為您生成的熊貓圖片。希望您喜歡！如果您對熊貓有其他問題或需
            要更多資訊，請隨時告訴我。'}
```

　　從結果上就可以看出 chat_history 有記錄之前對話內容，所以才能明白我們詢問的問題並生成出一張熊貓圖片。

只記錄固定次數對話

第 4 章有提過記憶物件每次對話時會取回全部對話訊息, 這最終會導致超過模型的 tokens 數量限制, 所以這裡我們會限制傳回對話訊息的數量, 建立一個自訂函式讓每次傳回給模型的歷史對話訊息固定為 6 筆, 請執行下一個儲存格建立自訂函式:

```python
1 def window_messages(chain_input):
2     if len(memory.messages) > 6:
3         cur_messages = memory.messages[-6:]
4         memory.clear()
5         for message in cur_messages:
6             memory.add_messages(message)
7     return None
```

函式中會查看訊息記憶物件中的所有訊息是否有超過限制數量, 如果超過 6 筆訊息就會清除 SQLite 資料庫中的所有訊息, 並將儲存在變數 cur_messages 中最新的 6 筆訊息存回 SQLite 資料庫, 這樣就不會被記憶物件會傳回所有訊息的功能所影響, 能夠只傳回最新的 6 筆訊息。由於串接成流程鏈必須有傳回值, 所以這裡傳回 None。

接著將自訂函式與 agent_with_chat_history 流程鏈串接:

```python
1 from langchain_core.runnables import RunnablePassthrough
2
3 chain_with_window = (
4     RunnablePassthrough.assign(messages=window_messages)
5     | agent_with_chat_history
6 )
```

接著就可以用迴圈進行連續對話:

```python
1 while True:
2     msg = input("我說：")
3     if not msg.strip():
4         break
5     print(chain_with_window.invoke(
```

```
6          {"input": msg},
7          config={"configurable": {"session_id": "test_id"}})['output'])
```

執行結果：

我說：**嗨**

> Entering new AgentExecutor chain...
你好！有什麼我可以幫忙的嗎？

> Finished chain.
你好！有什麼我可以幫忙的嗎？
我說：**2023 年台灣金曲獎歌后是誰？**

> Entering new AgentExecutor chain...

Invoking: `search` with `{'query': '2023 年台灣金曲獎歌后是誰？'}`

2023 第 34 屆金曲獎頒獎典禮 今日（7/1）於小巨蛋舉行，第 34 屆金曲獎得獎名單
也將陸續公布！今年的報名參賽件數高達 2 萬 4604 件，創下歷年最高紀錄，除了多位
實力派歌手再度入圍，也有許多新生代創作者脫穎而出。吳青峰、熊仔、HUSH 將角逐歌王，
徐佳瑩、A-
（省略）
入圍最大贏家為洪佩瑜，首張專輯《明室》共入圍 ...根據搜尋結果，2023 年台灣金曲
獎歌后是 A-Lin。她等了 16 年終於封為歌后，恭喜她！

> Finished chain.
根據搜尋結果，2023 年台灣金曲獎歌后是 A-Lin。她等了 16 年終於封為歌后，恭喜她！
我說：**那歌王呢？**

> Entering new AgentExecutor chain...

Invoking: `search` with `{'query': '2023 年台灣金曲獎歌王'}`

2023 第 34 屆金曲獎頒獎典禮 今日（7/1）於小巨蛋舉行，第 34 屆金曲獎得獎名單
也將陸續公布！今年的報名參賽件數高達 2 萬 4604 件，創下歷年最高紀錄，除了多位
實力派歌手再
（省略）

派歌手共同角逐歌后獎項，本屆最大贏家則是由女歌手洪佩瑜拿下，專輯《明室》一口氣入圍 8 項大獎！而本屆死亡之組落在最佳新人獎，入圍名單競爭超激烈，究竟獎落誰家？根據最新資訊，2023 年台灣金曲獎歌王是 HUSH。他成功擊敗其他候選人，獲得最佳男歌手大獎！祝賀他！

```
> Finished chain.
```
根據最新資訊，2023 年台灣金曲獎歌王是 HUSH。他成功擊敗其他候選人，獲得最佳男歌手大獎！祝賀他！
我說：

從結果中可以看到代理確實記憶了對話訊息，了解對話上的脈絡。

我們也可以列出訊息物件中的所有對話來驗證：

```
1 for message in memory.messages:
2     pprint(message)
```

執行結果：

```
HumanMessage(content='嗨')
AIMessage(content='你好！有什麼我可以幫忙的嗎？')
HumanMessage(content='2023 年台灣金曲獎歌后是誰?')
AIMessage(content='根據搜尋結果，2023 年台灣金曲獎歌后是 A-Lin。她等了 16 年
                終於封為歌后，恭喜她！')
HumanMessage(content='那歌王呢?')
AIMessage(content='根據最新資訊，2023 年台灣金曲獎歌王是 HUSH。他成功擊敗其
                他候選人，獲得最佳男歌手大獎！祝賀他！')
```

可以看到結果中一開始的熊貓問答訊息的確是被移除了。

這樣我們就成功建立了可以文字聊天與生圖的代理！

6-2 客製中間步驟

代理執行器會幫我們自動傳遞中間步驟的訊息, 這些中間步驟的訊息包含前一輪代理決定的任務所選用的工具與工具執行的結果, 假如工具會產生錯誤, 需要加入額外資訊才能讓模型正確回覆, 就可以建立自訂函式來修改中間步驟的資訊, 加入錯誤處理方式等額外資訊再送給代理, 下面就來建立可以客製中間步驟資訊的代理吧！

我們以第 5 章的天氣工具為例子, 此工具如果輸入的參數有簡體字 '台', 則會傳回空字典, 我們將不使用前一章介紹過的工具除錯方式來加入錯誤訊息, 而是客製修改中間步驟的資訊, 加入錯誤訊息, 請先執行下一個儲存格建立天氣工具：

```
1 import requests
2 def get_weather(city: str):
3     response = requests.get('https://script.google.com/macros/s/'
4     'AKfycbzmeU-mQXx7qjQSDjFCslQeT1OSU6HDRnRg9o3NmtZvD02DDhcO9RcK-'
5     f'K2oOn0ZigX5/exec?city={city}')
6     return response.json()
7 class Weather(BaseModel):
8     city: str = Field(description="台灣縣市，使用繁體中文")
9 weather_data = StructuredTool.from_function(
10     func=get_weather,
11     name="weather-data",
12     description="得到台灣縣市天氣資料",
13     args_schema=Weather)
```

接著使用模型物件中的 bind_tool 方法, 提供工具給模型使用, 請先執行下一個儲存格綁定工具：

```
1 tools = [weather_data]
2 llm_with_tools = chat_model.bind_tools(tools)
```

請執行下一個儲存格建立提示模板：

```
1 from langchain_core.prompts import (
2     ChatPromptTemplate, MessagesPlaceholder)
3 prompt = ChatPromptTemplate.from_messages([
4     ('system','你是一位善用工具的好助理'),
5     ('human','{input}'),
6     MessagesPlaceholder(variable_name="agent_scratchpad")
7 ])
```

然後我們撰寫判斷工具是否成功取得天氣資料並傳回對應說明文字的輔助函式, 請執行下一個儲存格：

```
1 from langchain_core.messages import AIMessage
2
3 def tool_observation(observation):
4     if not observation:
5         return ("根據工具取得結果未成功取得天氣資料，"
6                 "這表示工具參數使用到簡體中文'台'，"
7                 "請將工具參數更改成繁體中文'臺'")
8     else:
9         return "根據工具取得結果成功取得天氣資料，可以回答問題了"
```

接著撰寫以迴圈從代理執行器送給代理的資訊中取得中間步驟的資訊, 傳給剛剛的輔助函式客製內容後, 整理成 AI 角色訊息並傳回, 以便稍後代入訊息模板給語言模型參考的自訂函式, 請執行下一個儲存格建立自訂函式：

```
1 def convert_intermediate_steps(intermediate_steps):
2     log = ""
3     for action, observation in intermediate_steps:
4         log += (
5             f"選用的工具：{action.tool}, "
6             f"所需的工具參數：{action.tool_input}\n"
7             f"工具產生結果：{observation}\n\n"
8             f"{tool_observation(observation)}\n"
9         )
10    print(log)
11    print('_____')
12    return [AIMessage(content=log)]
```

傳入的 intermediate_steps 是代理執行器傳給代理的一個串列, 儲存有中間步驟的資訊, 其中每個項目是一個元組, 代表一個中間步驟的任務, 第一個元素是 AgentAction 類別家族的物件, 記錄單一任務相關資訊和選用工具的資訊, 而第二個元素為該任務選用工具的執行結果。我們會將工具執行結果代入剛剛撰寫的輔助函式, 依據是否取得天氣資料添加相對應的說明。同時我們也將個別任務資訊與結果印出, 方便我們觀察執行過程。最後將執行步驟的相關資訊, 也就是選用的工具與參數、工具結果以及我們客製添加的說明文字, 組成 AI 角色訊息物件後傳回, 稍後即可代入到模板中的 agent_scratchpad 參數送給代理。

建立好客製中間步驟資訊的函式後, 就可以串接個別物件建立代理:

```
1 from langchain.agents.output_parsers.openai_tools import (
2     OpenAIToolsAgentOutputParser)
3 from langchain_core.runnables import RunnablePassthrough
4
5 agent = (
6     RunnablePassthrough().assign(
7         agent_scratchpad=lambda x: convert_intermediate_steps(
8             x["intermediate_steps"])
9     )
10    | prompt
11    | llm_with_tools
12    | OpenAIToolsAgentOutputParser()
13 )
```

這裡使用 RunnablePassthrough 的 assign 方法在字典中增加 agent_scratchpad 項目, 用 lambda 建立接受一個參數 x 的匿名函式, 它會接受從代理執行器傳入的字典, 字典中鍵 'intermediate_steps' 的值就是中間步驟的資訊, 我們將它傳入給客製中間步驟資訊的函式, 並將傳回的內容代入提示模板中的 agent_scratchpad 參數, 供代理決策下一輪的步驟。OpenAIToolsAgentOutputParser 輸出內容解析器可以解析出模型選擇的步驟, 以便讓代理執行器幫我們執行工具, 或是確認已經完成整個代理流程。

接著將代理流程鏈代入給代理執行器：

```
1 agent_executor = AgentExecutor(agent=agent,
2                                    tools=tools)
```

都完成後我們就可以開始進行問答, 透過客製中間步驟資訊的函式所列印的內容, 我們可以觀察 intermediate_steps 的任務細節以及任務的結果, 請執行下一個儲存格觀察結果：

```
1 result = agent_executor.invoke({"input": "我想知道台北市未來一周的天氣情形"})
```

執行結果：

選用的工具：weather-data, 所需的工具參數：{'city': '台北市'}
工具取得結果：{}

根據工具取得結果未成功取得天氣資料, 這表示工具參數使用到簡體中文 '台', 請將工具參數更改成繁體中文 '臺'

選用的工具：weather-data, 所需的工具參數：{'city': '臺北市'}
工具取得結果:{'臺北市': [{'日期': '2024-03-26', '天氣狀態': '陰短暫陣雨', '最高溫': '26', '最低溫': '21'}, {'日期': '2024-03-27', '天氣狀態': '晴時多雲', '最高溫': '25', '最低溫': '17'}, {'日期': '2024-03-28', '天氣狀態': 多雲', '最高溫': '28', '最低溫': '18'}, {'日期': '2024-03-29', '天氣狀態': 多雲', '最高溫': '28', '最低溫': '20'}, {'日期': '2024-03-30', '天氣狀態': '多雲短暫陣雨', '最高溫': '30', '最低溫': '21'}, {'日期': '2024-03-31', '天氣狀態': '陰時多雲短暫陣雨', '最高溫': '27', '最低溫': '22'}]}

根據工具取得結果成功取得天氣資料, 可以回答問題了

從結果可以看到模型根據工具結果取得的相對應提示, 作出修改參數的動作,最後成功取得天氣資料。

```
1 pprint(result)
```

執行結果：

```
{
    'input': '我想知道台北市未來一周的天氣情形',
    'output': '根據天氣資料，台北市未來一周的天氣情形如下：\n- 3月26日：陰
               短暫陣雨，最高溫26°C，最低溫21°C\n- 3月27日：晴時多雲，最
               高溫25°C，最低溫17°C\n- 3月28日：多雲，最高溫28°C，最低溫
               18°C\n- 3月29日：多雲，最高溫28°C，最低溫20°C\n- 3月30日：
               多雲短暫陣雨，最高溫30°C，最低溫21°C\n- 3月31日：陰時多雲
               短暫陣雨，最高溫27°C，最低溫22°C\n\n希望這些資訊對您有幫助！
               如果您有任何其他問題，請隨時告訴我。
               '
}
```

以上就是客製中間步驟資訊的方法，除了可以觀察工具使用的情形，也可以彈性增加額外資訊給模型參考。

客製化回應

原本的代理要解析出模型選用的工具或是模型已經得到的最終結果，會使用 OpenAIToolsAgentOutputParser 輸出內容解析器，這個部分也可以客製化。下面將會用自訂解析函式替換原本的輸出內容解析器，修改鍵 'output' 的值，加上『我最後得出：』這樣的開頭。請先執行下一個儲存格建立輸出工具：

```
1 def string_output(answer):
2     for key, value in answer.items():
3         answer[key] = f"我最後得出：{value}"
4     return answer
```

建立這個自訂函式後，當代理要回覆結果時每次開頭就會加上 '我最後得出：'。

接著我們要建立自定義的輸出內容解析器來取代替原本的 OpenAIToolsAgentOutputParser 物件, 請先匯入相關資源:

```
1 import json
2 from langchain_core.agents import AgentActionMessageLog, AgentFinish
```

AgentActionMessageLog 為 AgentAction 的子類別, 用來記錄單一任務的相關訊息記錄, 如同前面客製中間步驟資訊時看到的內容, 而 AgentFinish 則是建立最後回覆時的類別。

再來就可以建立自定義輸出內容解析器函式, 此函式將會判斷模型是否有呼叫工具, 如果沒有表示不需要進行下一輪, 就會將參數代入給自訂輸出函式, 然後以字典格式返回結果, 否則就使用 AgentActionMessageLog 記錄這一輪的工具執行結果。請執行下一個儲存格建立函式:

```
 1 def parse(output):
 2     if "tool_calls" not in output.additional_kwargs:
 3         return AgentFinish(
 4             return_values=string_output({"output":output.content}),
 5             log=output.content)
 6
 7     for tool_call in output.additional_kwargs["tool_calls"]:
 8         function = tool_call["function"]
 9         name = function["name"]
10         inputs = json.loads(function["arguments"])
11         return AgentActionMessageLog(tool=name,
12                                      tool_input=inputs,
13                                      log="",
14                                      message_log=[output])
```

AgentFinish 參數 return_values 以字典格式代入回覆結果, log 記錄有關返回結果的附加資訊, 主要用於觀察過程。如果有呼叫工具就會使用 AgentActionMessageLog 將工具名稱、工具參數、工具結果傳回給代理執行器。

都完成後就可以串接個別物件，結構上都與前面建立的代理流程鏈相同：

```
 1 agent = (
 2     {
 3         "input": lambda x: x["input"],
 4         "agent_scratchpad": lambda x: convert_intermediate_steps(
 5             x["intermediate_steps"]
 6         ),
 7     }
 8     | prompt
 9     | llm_with_tools
10     | parse
11 )
```

代入代理流程鏈並建立代理執行器：

```
1 agent_executor = AgentExecutor(agent=agent,
2                                tools=tools)
```

最後就可以進行問答來查看相關結果：

```
1 result = agent_executor.invoke({"input": "我想知道台北市未來一周的天氣
情形"})
2 pprint(result['output'])
```

執行結果：

選用的工具：weather-data，所需的工具參數：{'city': '台北市'}
工具取得結果：{}

根據工具取得結果未成功取得天氣資料，這表示工具參數使用到簡體中文 '台'，請將工具參數更改成繁體中文 '臺'

選用的工具：weather-data，所需的工具參數：{'city': '臺北市'}
工具取得結果:{'臺北市': [{'日期': '2024-03-26', '天氣狀態': '陰短暫陣雨',
'最高溫': '26', '最低溫': '21'}, {'日期': '2024-03-27', '天氣狀態': '晴
時多雲', '最高溫': '25', '最低溫': '17'}, {'日期': '2024-03-28', '天氣

狀態': '多雲', '最高溫': '28', '最低溫': '18'}, {'日期': '2024-03-29', '天氣狀態': '多雲', '最高溫': '28', '最低溫': '20'}, {'日期': '2024-03-30', '天氣狀態': '多雲短暫陣雨', '最高溫': '30', '最低溫': '21'}, {'日期': '2024-03-31', '天氣狀態': '陰時多雲短暫陣雨', '最高溫': '27', '最低溫': '22'}]]

根據工具取得結果成功取得天氣資料，可以回答問題了

_____

我最後得出：根據天氣資料，台北市未來一周的天氣情形如下：
- 3 月 26 日：陰短暫陣雨，最高溫 26°C，最低溫 21°C
- 3 月 27 日：晴時多雲，最高溫 25°C，最低溫 17°C
- 3 月 28 日：多雲，最高溫 28°C，最低溫 18°C
- 3 月 29 日：多雲，最高溫 28°C，最低溫 20°C
- 3 月 30 日：多雲短暫陣雨，最高溫 30°C，最低溫 21°C
- 3 月 31 日：陰時多雲短暫陣雨，最高溫 27°C，最低溫 22°C

希望這些資訊對您有幫助！

可以看到最終回覆結果加上了我們設定的字串。

這一章中代理除了文字聊天還多了生圖功能，同時也具備記錄對話功能，也介紹如何建立中間步驟來觀察工具的使用情形，也能夠更改代理回覆，下一章我們要讓模型不使用搜尋工具也能夠增加知識。

CHAPTER 7

用 RAG 讓模型擴展
額外知識

前幾章都是透過搜尋工具來獲取新的資料，但是搜尋並不能取得個人或企業私有的文件，本章將會透過 RAG 概念將文件送給模型，讓模型增加額外知識回答相關問題。

7-1 什麼是 RAG

　　大型語言模型的知識只侷限在特定時間點的公開資訊, 如果想要建立能夠問答個人或企業私有以及特定領域資料的 AI 應用程式, 可以採用額外提供資料擴展模型知識的作法, 這種方式被稱為 **RAG（Retrieval-Augmented Generation）**, 也就是**以檢索文件取得的資料擴展生成能力**的作法。

　　理論上最簡單的作法是把整份文件都送給模型參考, 不過文件可能過大, 超過模型可處理的 token 數量, 也因為模型本身不具備記憶, 所以每次問答都必須重新附上整份文件內容, 耗費大量處理費用。另外, 讓模型自己在一整份文件中找尋相關內容猶如大海撈針, 可能會得到不夠精確的結果。因此 RAG 通常分為**資料切片量化**和**檢索生成**兩個部分, 先是將資料切片成小量的片段, 針對個別片段量化後儲存下來, 最常見的量化方式就是透過**內嵌 (embedding)** 轉換成**向量 (vector)**。檢索生成回覆時, 會先從量化後的片段中依照相似度找出關聯性較高的片段提供給模型參考, 再生成回答。整個流程如下圖:

資料切片量化:

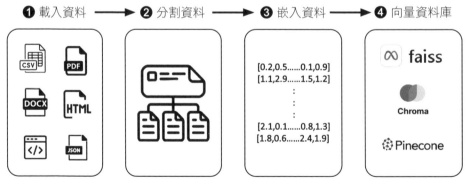

❶ 載入如 CSV、PDF、DOCX、HTML、JSON、Python 等文件

❷ 將載入的資料分割成較小的內容

❸ 將分割好的資料轉成向量

❹ 將向量存入到向量資料庫, 如:Meta 開發的 FAISS、Chroma、Pinecone 等

檢索生成：

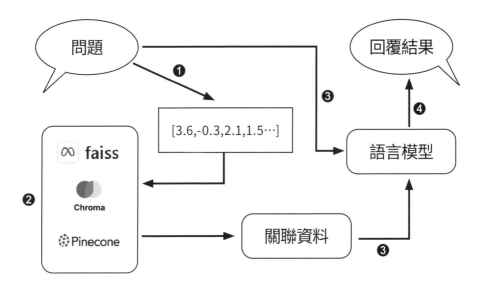

❶ 將問題轉成向量

❷ 轉好的向量與資料庫中的向量比較相似度, 找出最關聯的多筆資料

❸ 將問題與關聯資料送給語言模型彙整

❹ 得出結果並回復

下面我們就以準備考汽車駕照的考生為假想角色, 利用 RAG 檢索汽車法規考題將相關內容交給模型擴展知識回答問題, 最後透過一問一答的方式, 幫助我們學習汽車法規, 下面就用程式來看看 RAG 的效果。

請依照慣例前往以下網址選擇本章 Colab 筆記本並儲存副本：

https://www.flag.com.tw/bk/t/F4763

執行第一個儲存格安裝相關套件：

```
1 !pip install langchain langchain_openai rich
```

接著匯入相關套件和金鑰，因為會使用多個 OpenAI 模型，所以建立環境變數 OPENAI_API_KEY，待會就不必再將金鑰代入給模型物件：

```
1 # 匯入套件和金鑰
2 from google.colab import userdata
3 from rich import print as pprint
4 import os
5 os.environ['OPENAI_API_KEY'] = userdata.get('OPENAI_API_KEY')
```

記得一樣要開啟本章範例檔讀取 secrets 中 OpenAI 金鑰的存取權。

RAG 第一步：載入資料

RAG 的第一步需要先載入文件內容，這次準備的汽車法規是非題範例文件為 pdf 檔，LangChain 內建有 PyPDFloader 類別可以載入 pdf 文件內容，它會把 pdf 的文件內容以頁為單位切割。LangChain 內建有 VectorstoreIndexCreator 類別，可以一次將 RAG 的步驟完成並且進行對話，下面我們先載入範例文件，再建立相關物件：

首先請執行下一個儲存格安裝相關套件：

```
1 !pip install pypdf chromadb rapidocr-onnxruntime
```

pypdf 為 PyPDFLoader 所需的套件，rapidocr-onnxruntime 為 PyPDFLoader 解析帶有圖片的 PDF 檔案所需的套件，chromadb 為 Chroma 向量資料庫的套件，稍後會再介紹。

接著匯入 PyPDFLoader 類別，並代入本章範例文件網址建立成 PyPDFLoader 物件：

汽車法規是非題

題號	答案	題　目	分類編號
001	○	尊重生命是駕駛道德最重要的一點，我們開車時要處處顧及行人，尤其應該注意讓老弱婦孺身心障礙者優先通行。	10
002	X	遵守交通法規與秩序，只算是優良駕駛人，與駕駛道德無關。	10
003	○	汽油著火時，應用滅火器、泥沙或用水浸濕棉被、衣服覆蓋撲滅。	07
004	○	禮讓與寬容是駕駛道德的最好表現。	10
005	○	在狹窄道路上會車，一定要互相禮讓。	10
006	○	綠燈允許你依序通過，但駕駛人仍應注意違規闖紅燈的人和車。	01

▲ PDF 文件部分內容

```
1 from langchain_community.document_loaders import PyPDFLoader
2 loader = PyPDFLoader(file_path='https://ppt.cc/f9nc5x')
```

　　建立 PyPDFLoader 物件時可以代入文件路徑或是文件網址, 如果想要解析帶有圖片的 PDF 檔案, 就必須將參數 extract_images 設定為 True, 本章範例文件不帶圖片所以不需要設定。

　　使用 load 方法載入文件內容轉換成 Document 物件串列, 串列中的每一個 Document 物件代表文件中的一段內容, 本例使用的 PyPDFLoader 會把單一頁的內容放入一個 Document 物件中。請執行下一個儲存格觀察結果：

```
1 docs = loader.load()
2 pprint(docs[0])
```

　　執行結果：

```
Document(
    page_content='汽車法規是非題     \n第 1 頁／共 36 頁
                分類編號欄位說明     \n分類編\n號 分類項目內容     \n01   路
                口安全（有號誌路口、無號誌路口、停讓行人）\n02  轉彎（左
                右轉、迴轉）\n03  行駛中應注意事項（保持安全車距、注意前車
                狀況）\n04  正確使用燈光（頭燈、霧燈、方向燈）\n05  注
                意大型車行駛及轉彎（內輪差、視野死角、不並行）\n06  貨物
                裝載（防止掉落或滲漏）\n07 事故預防及處理（預防國道二次
                事故、急救常識）\n08 禁止不當行為（酒駕、不使用手機、危險
                駕駛）\n09 行車檢查（設備、燈光）\n10 其他（平交道、強
                制險、環保駕駛、特殊天候、駕駛道德）\n  ',
    metadata={
        'source':'https://ppt.cc/f9nc5x',
        'page': 0
    }
)
```

　　為了方便閱讀我們會美化輸出結果。文件已經以頁為單位轉成一個個的 Document 物件, 我們可以從 metadata 屬性中的 'page' 項目看出出自哪一頁。

　　接著建立 VectorstoreIndexCreator 物件：

```
1 from langchain.indexes import VectorstoreIndexCreator
2 from langchain_openai import OpenAIEmbeddings
3 embeddings_model=OpenAIEmbeddings(model='text-embedding-3-large')
4 index = VectorstoreIndexCreator(
5     embedding=embeddings_model).from_loaders([loader])
```

　　將 OpenAI 的嵌入模型代入到物件中, 稍後我們會詳細講解嵌入模型的作用, 然後使用 from_loaders 方法直接代入載入器, 並在物件底層使用 load 方法將文件內容轉成 Document 物件串列。

　　建立好物件後就可以進行問答, 使用 query 方法代入語言模型和問題, 物件就會找出關聯性較高的文件內容, 送給模型彙整再回覆, 請執行下一個儲存格觀察結果：

```
1 query = "酒後開車且酒精濃度超過規定標準應罰款多少?"
2 response = index.query(llm=chat_model, question=query)
3 print(response)
```

執行結果:

酒後開車且酒精濃度超過規定標準的罰款金額為新臺幣 **30,000** 至 **120,000** 元。

結果與文件第 14 頁 242 題答案相同。

接下來我們將拆解 VectorstoreIndexCreator 類別執行的步驟, 解析其中每一步的過程, 同時說明每一步應該注意的地方。

RAG 第二步:資料分割

雖然載入資料時已經經過一次分割, 但分割後的段落若是太長, 包含的文字太多元, 稍後檢索時就不容易找到最相似的段落, 所以通常還會對資料進行細部分割。LangChain 提供有 TextSplitter 類別家族可以字元數量作分割, 常用的字元資料分割器有 CharacterTextSplitter 以及 RecursiveCharacterTextSplitter 類別, 我們先來看看兩者的差別, 請先執行下一個儲存格取出部分文件內容:

```
1 test_doc = docs[1].page_content[:200]
2 test_doc
```

執行結果:

' 汽車法規是非題　　\n第 2 頁 / 共 36 頁　　\n題號 答案 題　　目　分類\n編號　\n001　○　尊重生命是駕駛道德最重要的一點, 我們開車時要處處顧 及行人, 尤 \n其應該注意讓老弱婦孺身心障礙者優先通行。　　10 \n002　X　遵守交通法規與秩序, 只算是優良駕駛人, 與駕駛道德無關。　　10 \n003　○　汽油著火時, 應用滅火器、泥沙或用水浸濕棉被、衣服覆蓋撲滅。　　07 \n00'

從結果可以看到文件的部分內容，接下來就會使用分割器以字元為單位做分割，請先匯入相關類別：

```
1 from langchain_text_splitters import (
2     CharacterTextSplitter, RecursiveCharacterTextSplitter)
```

CharacterTextSplitter 類別是以指定字串分割文件，預設以 '\n\n' 進行分割，也就是以空白行為界分割段落，本例中的文件沒有這樣的分段結構，所以我們在這裡設定為空字串，等於是每個字元切割開來，並且以10 個字元合併為一個片段，稱為 chunk：

```
1 text_splitter = CharacterTextSplitter(separator='',
2                                       chunk_size=10,
3                                       chunk_overlap=2)
4 chunks = text_splitter.split_text(test_doc)
5 pprint(chunks)
```

建立 CharacterTextSplitter 物件時可以對 separator 參數代入分割字串，chunk_size 設為 10 表示分割後會以 10 個字元為上限合併成為一個 chunk，chunk_overlap 設為 2 代表每一個 chunk 的開頭前兩個字元會是前一個 chunk 的最後兩個字元，這是為了增加模型對上下文的理解。以下為執行結果：

```
[
    '汽車法規是非題',
    '第 2 頁 / 共 36',
    '36 頁      \n題號',
    '題號  答案  題',
    '目  分類\n編號',
    '編號  \n001',
    '○  尊重生命是',
    '命是駕駛道德最重要的',
    '要的一點，我們開車時',
    '車時要處處顧 及行人',
    '行人，尤 \n其應該注意',
    '注意讓老弱婦孺身心障',
    '心障礙者優先通行。',
    '。    10 \n00',
```

```
    '002  X   遵守',
    '遵守交通法規與秩序，',
    '序，只算是優良駕駛人',
    '駛人，與駕駛道德無關',
    '無關。    10',
    '003   ○',
    '汽油著火時，應用',
    '應用滅火器、泥沙或用',
    '或用水浸濕棉被、衣服',
    '衣服覆蓋撲滅。',
    '07 \n00'
]
```

TextSplitter 類別家族進行分割時, 會依照分割字串做分割, 但因為我們代入的是空字串, 所以等同分割成一個一個的字元。完成分割後會依照 chunk_size 的設定照順序合併字元, 合併時會移除 chunk 頭尾空白類字元, 這就是為什麼有些 chunk 並沒有 10 個字元的原因。另外重複字元是從還沒有移除空白類字元的原始內容取得, 所以如果重複的是空白類字元, 就會在移除頭尾空白類字元時被移除, 這就是為甚麼有些 chunk 看起來好像沒有重複字元的原因。

接著我們換成 RecursiveCharacterTextSplitter 分割器, 它接受多個分割字串, 並會依照順序採用分割字串做分割, 預設以 "\n\n", "\n", " ", "" 進行分割, 也就是先嘗試以空白行分段落, 內容太長的段落再以換行字元切割成單行, 內容太長的單行再以空格字元切成單字, 單字太長的再以空字串切成字元。本例並沒有明顯的分段, 我們這裡依序以是非題的○、✕為分割字元, 一樣以 10 個字元為一組 chunk：

```
1 text_splitter = RecursiveCharacterTextSplitter(separators=['X','○'],
2                                                 chunk_size=10,
3                                                 chunk_overlap=3)
4 splits = text_splitter.split_text(test_doc)
5 pprint(splits)
```

在 RecursiveCharacterTextSplitter 物件中參數 separators 用串列傳入分割字串, 物件執行時, 就會依照串列中的字串順序分割文件內容, 如果分割後的 chunk 小於 chunk_size 就不會再繼續分割, 就算裡面還有其他分割字串也一樣; 如果超過 chunk_size 就會再用下一個分割字串, 持續遞迴處理直到沒有下一個可用的分割字串為止, 然後再如同 CharacterTextSplitter 進行合併。以下為執行結果:

```
[
    '汽車法規是非題    \n第 2 頁 / 共 36 頁    \n題號 答案 題    目  分類 \n編號
    \n001  ',
    '○  尊重生命是駕駛道德最重要的一點, 我們開車時要處處顧 及行人, 尤 \n其應
    該注意讓老弱婦孺身心障礙者優先通行。
    10 \n002 ',
    'X  遵守交通法規與秩序, 只算是優良駕駛人, 與駕駛道德無關。    10 \n003',
    '○  汽油著火時, 應用滅火器、泥沙或用水浸濕棉被、衣服覆蓋撲滅。    07 \
    n00'
]
```

從結果可以看到確實以○、×做分割, 要注意的是當已經以最後一個分割字串做分割, 但分割後 chunk 字元數還是超過 chunk_size 時, 就會直接將分割段落傳回, 也不會依照 chunk_overlap 的設定重複上一段的內容, 像是本例中最後以 '○' 切割的結果都超過 10 個字元的限制, 切割結果等於是一題一題的題目。

CharacterTextSplitter 在分割後對於超過 chunk_size 字元數量的段落也一樣會直接輸出成為一個 chunk, 只是會出現警告訊息。如: WARNING:langchain_text_splitters. base:Created a chunk of size 50, which is longer than the specified 10, 告知分割段落超過設定的 chunk_size。

除了以字元數量分割外, 也有提供以 token 數量為基準的分割器 TokenTextSplitter, 預設的 token 編碼器是 'gpt2', 也可以直接傳入編碼器的名稱或是傳入語言模型名稱使用搭配該語言模型的編碼器。下面我們先來看使用預設編碼器的分割結果:

```
1 from langchain_text_splitters import TokenTextSplitter
2 text_splitter = TokenTextSplitter(chunk_size=10,
3                                    chunk_overlap=2)
4 splits = text_splitter.split_text(test_doc)
5 pprint(splits)
```

執行結果：

```
[
    '汽車法規是',
    '�是非題   ',
    '    \n第2�',
    '頁/共36頁',
    '��     \n題',
    (省略)
    '火時，應',
    '��用滅火�',
    '��器、泥沙',
    '��或用水浸',
    '浸濕棉�',
    '被、衣服覆',
    '覆蓋撲�',
    '滅。   07 \n00'
]
```

由於是以 token 為單位, 有些 chunk 會斷在不完整的中文字, 顯示的就是亂碼符號。

Tip

查看 token 和字元數量可以到 https://platform.openai.com/tokenizer。

接下來代入 gpt-4-turbo 模型名稱使用搭配它的編碼器來看看差別：

```
1 from langchain_text_splitters import TokenTextSplitter
2 text_splitter = TokenTextSplitter(model_name='gpt-4-turbo',
3                                    chunk_size=10,
4                                    chunk_overlap=2)
5 splits = text_splitter.split_text(test_doc)
6 pprint(splits)
```

執行結果：

```
[
    '汽車法規是非�',
    '非題    \n第 2 頁/共',
    '/共 36 頁    \n題號',
    '號 答案 題  ',
    '�   目  分類\n�',
    '\n編號  \n001  ○',
    ' ○  尊重生命是�',
    '是駕駛道德',
    '德最重要的一點，',
    '�，我們開車時',
    '�時要處處顧 �',
    '� 及行人，尤\n其',
    '\n其應該注意讓',
    '讓老弱婦孺',
    '孺身心障礙者�',
    '者優先通行。   ',
    '   10 \n002  X  �',
    ' 遵守交通法規',
    '規與秩序，只算',
    '只算是優良�',
    '駕駛人，與',
    '與駕駛道�',
    '道德無關。   10',
    ' 10 \n003  ○  �',
    ' 汽油著火時',
    '火時，應用滅火',
    '�火器、泥沙或用',
    '或用水浸濕棉',
    '棉被、衣服覆',
    '覆蓋撲滅。',
    '�。    07 \n00'
]
```

可以看到兩者因為編碼方式不同，同樣內容的 token 數量也不一樣，因此切割的結果也不同。

對中文來說，用 token 切割可能會讓內容文意不完整，所以本章我們採用 RecursiveCharacterTextSplitter 為主要分割器，經過前面使用○、×當作分割字串, 會看到題號沒辦法與題目內容成為一個 chunk, 所以改用 ' \n', 也就是空格加換行符號來分割文件內容, 以 10 個字元為一個 chunk :

```
1 text_splitter = RecursiveCharacterTextSplitter(separators=[' \n'],
2                                                 chunk_size=10,
3                                                 chunk_overlap=2)
4 chunks = text_splitter.split_documents(docs)
5 pprint(chunks[15:20])
```

這裡的 chunk_size 設定小數量才能讓分割段落直接傳回, 而 chunk_overlap 因為預設值為 200 會大於 chunk_size 不符規定, 所以設定為 2。split_documents 方法可以將 Document 物件串列依照順序進行分割, 並重新建立成新的 Document 物件串列, 以下為分割後的部分片段 :

```
[
    Document(
        page_content=' \n題號 答案 題    目  分類 \n編號 ',
        metadata={
            'source':'https://ppt.cc/f9nc5x',
            'page': 1
        }
    ),
    Document(
        page_content=' \n001   ○   尊重生命是駕駛道德最重要的一點, 我們開車
                        時要處處顧及行人, 尤 \n其應該注意讓老弱婦孺身心障礙者優
                        先通行。    10',
        metadata={
            'source':'https://ppt.cc/f9nc5x',
            'page': 1
        }
    ),
    Document(
        page_content=' \n002   X   遵守交通法規與秩序, 只算是優良駕駛人, 與
                        駕駛道德無關。    10',
        metadata={
            'source':'https://ppt.cc/f9nc5x',
            'page': 1
        }
    ),
```

```
Document(
    page_content=' \n003  ○    汽油著火時,應用滅火器、泥沙或用水浸濕棉被、
                    衣服覆蓋撲滅。    07',
    metadata={
        'source':'https://ppt.cc/f9nc5x'',
        'page': 1
    }
),
Document(
    page_content=' \n004  ○    禮讓與寬容是駕駛道德的最好表現。    10',
    metadata={
        'source':'https://ppt.cc/f9nc5x',
        'page': 1
    }
)
]
```

可以看到我們成功將每一題都分割了。以上就完成了資料載入與分割,接下來就要將分割的資料量化。

7-2 Embedding 向量化

前一節介紹了資料載入與分割的方式,接下來就可以對分割後的文件內容做量化處理,最常用的方式就是利用嵌入 (embedding) 模型把文字內容轉成向量,作為之後判斷兩段文字之間相似程度的依據。

RAG 第三步:文字轉向量

Embeddings (嵌入) 是指將一段文字轉成向量嵌入到**多維度的向量空間**內,在多維度的向量空間中,可以把個別維度視為某種**語意特徵**,例如,一個維度可能代表快樂、悲傷等情緒特徵,而另一個維度可能代表老師、學生等角色特徵,所以轉成向量後就相當於分析了該段文字在語意上個別特徵的強度,而兩段不同的文字就可以用分析後的特徵分布判斷**相關性**。

以下就用簡單的程式範例來說明, 由於前面已經有建立過嵌入模型物件, 所以可以直接將範例句子嵌入成向量:

```
1 embeddings_doc = [
2     "天空是藍色的",
3     "天空不是紅色的",
4     "sky is blue",
5     "莓果是藍色的",
6     "我今天吃了漢堡"
7 ]
8 embeddings = embeddings_model.embed_documents(embeddings_doc)
9 len(embeddings[0])
```

使用 embed_documents 方法代入字串串列, 就可以將個別字串轉換成向量, 以下為執行結果:

```
3072
```

OpenAI 的 text-embedding-3-large 嵌入模型每個嵌入向量的維度為 3072。

對於單一字串也可以使用 embed_query 方法直接轉成向量:

```
1 embedded_query = embeddings_model.embed_query("天空的顏色是？")
```

我們已經將問題與其他句子都轉成向量了, 在向量空間中要判斷兩個向量代表的文字是否有相關性, 比較精準的方式是計算兩個向量的實際距離, 也就是計算幾何距離, 不過 OpenAI 的嵌入模型會把向量長度標準化為 1, 所以只需要計算出兩者之間的夾角, 就可以代表兩個向量之間的距離, 衡量它們之間的相似度, 找出最關聯的文字片段。

基於 OpenAI 的嵌入模型將向量長度標準化為 1, 要計算兩個向量之間的夾角, 可以改成計算餘弦來反推, 可套用以下計算內積的公式, 其中 |A| 與 |B| 等於向量的長度, 在使用 OpenAI 的嵌入模型時都是 1:

```
A · B = |A||B|cosθ
cosθ = A · B
```

就變成只要計算兩個向量的內積即可得到餘弦值。餘弦值越大, 夾角越小, 兩者越相關。所以我們可以用以下數學函式計算出它們的相似度:

```
1 import numpy as np
2 def cosine_similarity(a, b):
3     return np.dot(a, b)
```

接著就使用迴圈計算問題與個別句子間的相似度, 請執行下一個儲存格觀察結果:

```
1 for doc_res, doc in zip(embeddings, embeddings_doc):
2     similarity = cosine_similarity(embedded_query,doc_res)
3     print(f'"{doc}" 與問題的相似度:{similarity}')
```

執行結果:

```
"天空是藍色的" 與問題的相似度:0.751928472974167
"天空不是紅色的" 與問題的相似度:0.6954429038415377
"sky is blue" 與問題的相似度:0.5886082651020517
"莓果是藍色的" 與問題的相似度:0.36777005752314007
"我今天吃了漢堡" 與問題的相似度:0.08467405954705443
```

從結果可以看出 "天空的顏色是?" 與 "天空是藍色的" 最相關, 而與 "我今天吃了漢堡" 最不相關, 餘弦值越靠近 1 表示兩個向量間的角度越小, 原始的語意越相關, 越接近 0 則越不相關。

OpenAI 嵌入模型費用

使用 API 時不論是傳給 API 的訊息還是 API 傳回的訊息都會計費, 本書撰寫時的價目表如下:

模型	用量花費
text-embedding-3-small	$0.02 / 1M tokens
text-embedding-3-large	$0.13 / 1M tokens
ada v2	$0.10 / 1M tokens

　　text-embedding-3-small 與 text-embedding-3-large 都可以輸入最多 8192 個 token, 差別在於輸出的向量維度, 分別是 1536 與 3072, 這會影響儲存的資料量, 所以 OpenAI 開放讓使用者可以自由設定維度 (dimensions), 以剛才的例子來說維度設在 3072 太大了, 若是縮小到 50~100 之間, 可以節省儲存空間以及計算時間, 而且一樣保留語意, 只是設定後向量長度不會標準化為 1, 必須自行處裡。

TiP

最新的價目表請參考 OpenAI 網頁 https://openai.com/pricing

RAG 第四步：儲存到向量資料庫 Chroma

　　LangChain 提供有搭配向量資料庫系統的類別可以直接儲存向量, 並且可以使用它們的查詢功能檢索相關資料, 這裡我們要使用的向量資料庫系統是 **Chroma**, 它是一個開源的向量資料庫系統, 在 LangChain 中提供有 Chroma 類別可以搭配使用。首先我們會將向量資料庫檔案儲存在雲端硬碟中, 請執行下一個儲存格連接雲端硬碟：

```
1 from google.colab import drive
2 drive.mount('/content/drive')
```

　　連接完成後就可以開始使用, 建立 Chroma 物件時可以將嵌入模型代入, 這樣文件就能自動轉成向量並存入資料庫：

```
1 from langchain_community.vectorstores import Chroma
2 Chroma.from_documents(documents=chunks,
3                       embedding=embeddings_model,
4                       persist_directory='/content/drive/MyDrive/db',
5                       collection_metadata={"hnsw:space": "cosine"})
```

使用 from_documents 方法建立 Chroma 物件, 參數 documents 代入分割後的 Document 物件串列, embedding 代入嵌入模型, persist_directory 指定儲存資料庫檔案的路徑, 它會自動建立指定的資料夾。collection_metadata 中的 hnsw:space 項目可以指定相似度計算函式, 預設是 'l2' (英文小寫的 'L' 加上 '2') 代表幾何距離 (Euclidean Distance) 的平方值, 另一個則是 'ip' 代表 1 減掉內積, 而這裡代入的 'cosine' 則是 1 減掉餘弦值, 以上都是距離的概念, 與前面的範例計算的餘弦值相反, 值越接近 0 越相關; 離 0 越遠越不相關。

執行完畢後到左邊檔案窗格重新整理 MyDrive 中就會出現 db 資料夾。

如果要連接既有的資料庫, 可以使用 Chroma 類別代入儲存資料庫檔案的路徑與嵌入模型來建立物件:

```
1 db = Chroma(persist_directory='/content/drive/MyDrive/db',
2             embedding_function=embeddings_model)
```

這樣我們就成功建立了資料庫物件, 接著我們來使用資料庫的查詢功能, 下面就來看看 Chroma 物件不同的查詢方式, 首先我們以字串來查詢:

```
1 pprint(db.search('紅燈右轉', k=2, search_type='similarity'))
```

search 方法可以代入指定字串, 參數 k 設定為 2 表示將會傳回最相關的兩筆資料, search_type 可以選擇要使用的搜尋方式, 有 'similarity' 和 'mmr', similarity 使用的是向量資料庫內建的相似度函式, 也就是剛才設定的 'cosine', mmr 使用的是 Maximum Marginal Relevance(MMR) 稍後會介紹。以下為執行結果:

```
[
    Document(
        page_content=' \n235    ○    汽車行駛至交岔路口，欲右轉彎時，應距交岔
                      路口 30 公尺前，顯示 \n方向燈或手勢，換入外側車道、右轉
                      車道或慢車道，行至路口後再行 \n右轉。    02 ',
        metadata={
            'page': 12,
            'source':'https://ppt.cc/f9nc5x'
        }
    ),
    Document(
        page_content=' \n447    X    在交岔路口等候左轉之車輛，綠燈亮時即可搶
                      先左轉。      02',
        metadata={
            'page': 24,
            'source':'https://ppt.cc/f9nc5x'
        }
    )
]
```

除了用 search 方法以 search_type 指定搜尋方式外，也可以直接使用
similarity_search 方法或是 max_marginal_relevance_search 方法，接著來看
mmr 的搜尋方式與 similarity 有什麼不同，請執行下一個儲存格使用 max_
marginal_relevance_search 方法查詢資料：

```
1 pprint(db.max_marginal_relevance_search("紅燈右轉",k=2))
```

執行結果：

```
[
    Document(
        page_content=' \n235    ○    汽車行駛至交岔路口，欲右轉彎時，應距交岔
                      路口 30 公尺前，顯示 \n方向燈或手勢，換入外側車道、右轉
                      車道或慢車道，行至路口後再行 \n右轉。    02 ',
        metadata={
            'page': 12,
            'source':'https://ppt.cc/f9nc5x'
        }
    ),
```

```
Document(
    page_content=' \n006   ○   綠燈允許你依序通過，但駕駛人仍應注意違規
                    闖紅燈的人和車。    01',
    metadata={
        'page': 1,
        'source':'https://ppt.cc/f9nc5x'
    }
)
]
```

mmr 查詢時為了從向量資料庫選擇出有價值的資料，並確保資料的多樣
性，會篩選掉內容差不多的資料，所以可以看到第二筆資料與前面查詢資料
不同。

我們還可以使用會傳回關聯資料與相似值的查詢方法，請執行下一個儲
存格使用 similarity_search_with_relevance_scores 方法來查看相似值：

```
1 pprint(db.similarity_search_with_relevance_scores('紅燈右轉',k=2))
```

執行結果：

```
[
    (
        Document(
            page_content=' \n235   ○   汽車行駛至交岔路口，欲右轉彎時，應距
                            交岔路口 30 公尺前，顯示 \n 方向燈或手勢，換入外側車道、
                            右轉車道或慢車道，行至路口後再行 \n 右轉。    02 ',
            metadata={
                'page': 12,
                'source':'https://ppt.cc/f9nc5x'
            }
        ),
        0.6072746515274048
    ),
    (
        Document(
            page_content=' \n447   X   在交岔路口等候左轉之車輛，綠燈亮時即
                            可搶先左轉。    02',
```

```
          metadata={
                'page': 24,
                'source':'https://ppt.cc/f9nc5x'
          }
    ),
    0.5962822437286377
  )
]
```

　　這樣在查詢資料時也可以順便觀察相似的程度。不過要注意的是這裡的 score 已經經過標準化, 其相似度為 0 到 1 之間, 越接近 1 越相關。

　　除了以上幾種方式外也有提供以向量查詢的方法, 只要名稱有 by_vector 的查詢方法都必須以向量代入, 下面就使用其中一種方式:

```
1 embedded_query = embeddings_model.embed_query("紅燈右轉")
2 pprint(db.similarity_search_by_vector(embedded_query ,k=2))
```

　　執行結果:

```
[
    Document(
        page_content=' \n235    ○   汽車行駛至交岔路口, 欲右轉彎時, 應距交岔
                        路口 30 公尺前, 顯示 \n方向燈或手勢, 換入外側車道、右轉
                        車道或慢車道, 行至路口後再行 \n右轉。    02 ',
        metadata={
            'page': 12,
            'source':'https://ppt.cc/f9nc5x'
        }
    ),
    Document(
        page_content=' \n447   X   在交岔路口等候左轉之車輛, 綠燈亮時即可搶
                        先左轉。    02',
        metadata={
            'page': 24,
            'source':'https://ppt.cc/f9nc5x'
        }
    )
]
```

結果會與透過字串查詢相同。

以上這些查詢方式只是從資料庫找出相關資料，並沒有真的回答問題，所以接下來將串接成流程鏈進行問答。

7-3 檢索對話流程鏈

前面我們做的是資料量化處理，並且儲存到向量資料庫，接著就來串接流程鏈把查詢到的關聯資料送給模型整理，模型就能回答出問題的答案。下面就先對資料庫物件使用 as_retriever 方法來建立**檢索器 (Retrieval)**，檢索器是 LangChain 整合不同資料庫、提供一致檢索介面的元件，請執行下一個儲存格建立檢索器：

```
1 retriever = db.as_retriever(search_type="similarity",
2                             search_kwargs={"k": 6})
```

參數 search_type 可以選擇 similarity、mmr 和 similarity_score_threshold，前兩者與前面説明的相同，而 similarity_score_threshold 可以設定臨界值，只傳回相似度高於臨界值的資料，search_kwargs 可以字典格式代入 k 來設定傳回多少筆資料。

建立完成後就可以使用 invoke 方法來查詢資料：

```
1 retrieved_docs = retriever.invoke("紅燈右轉")
2 print(f' 傳回 {len(retrieved_docs)} 筆資料 ')
```

執行結果：

傳回 6 筆資料

傳回筆數與設定的 k 值相同。

接下來就來串接成流程鏈, 請先匯入相關資源:

```
1 from langchain_core.output_parsers import StrOutputParser
2 from langchain_core.prompts import ChatPromptTemplate
3 from langchain_core.runnables import RunnablePassthrough
```

接著建立字串輸出內容解析器與提示模板:

```
1 str_parser = StrOutputParser()
2 template = (
3     "請根據以下內容加上自身判斷回答問題:\n"
4     "{context}\n"
5     "問題: {question}"
6     )
7 prompt = ChatPromptTemplate.from_template(template)
```

模板參數 context 將會代入檢索取得的關聯資料。

完成後就可以將各個物件串接起來, 當問題輸入後就會啟動檢索器 retriever 去查詢關聯資料, 然後與問題一同送給模型處裡, 最後得到回覆結果, 請執行下一個儲存格建立流程鏈:

```
1 chain = (
2     {"context": retriever, "question": RunnablePassthrough()}
3     | prompt
4     | chat_model
5     | str_parser
6 )
```

我們來將文件中的一道題目代入給流程鏈:

```
1 print(chain.invoke("汽車駕駛人若喝酒後, 會使反應遲延, 視力變差。請問是否
                正確"))
```

執行結果:

根據提供的文件內容，第一份文件中的第 410 條記載「汽車駕駛人若喝酒後，會使反應遲延，視力增加」，而第二份文件中的第 045 條則記載「開車不喝酒，酒後不開車」。因此，根據文件內容，汽車駕駛人喝酒後會使反應遲延，視力變差是正確的。

從結果可以看出模型整理了檢索器查詢的關聯資料後回覆了正確答案。

除了以一般模式回覆以外，也可以用串流模型進行回覆，下面我們將剛才的題目改成錯誤的邏輯，讓模型再判斷一次對或錯，請執行下一個儲存格觀察結果：

```
1 for chunk in chain.stream("汽車駕駛人若喝酒後，會使反應遲延，視力增加。
                    請問是否正確"):
2     print(chunk, end="", flush=True)
```

執行結果：

根據提供的文件內容，答案是否定的。根據第 23 頁的內容，酒後會使視覺能力變差，運動反射神經遲鈍，肇事率增加，而不是視力增加。因此，汽車駕駛人若喝酒後，會使反應遲延，視力增加的說法是不正確的。

就算是經過修改的題目，模型依然可以透過關聯資料成功回答出正確答案。

同時傳回生成結果與關聯資料

由於是查詢關聯資料，而不是模型讀取整份文件，所以有時候模型可能會找到錯誤資料，為了發現這種錯誤，開發階段我們就需要觀察傳回的關聯資料，以下帶大家建立可以在最後結果輸出關聯資料的流程鏈，請執行下一個儲存格：

```
1 rag_chain_from_docs = (
2     prompt
3     | chat_model
4     | StrOutputParser()
5 )
```

我們可以建立 RunnableParallel 物件, 分別將檢索資料和代入的問題整合成一個字典後以 assign 方法送給剛才建立的流程鏈, 在字典中額外建立記錄答案的項目, 最後就可以達到包含關聯資料、問題和回答結果的字典, 請執行下一個儲存格建立 RunnableParallel 物件：

```
1 from langchain_core.runnables import RunnableParallel
2
3 rag_chain_with_source = RunnableParallel(
4     {"context": retriever, "question": RunnablePassthrough()}
5 ).assign(answer=rag_chain_from_docs)
```

接著一樣使用串流模式呈現結果：

```
1 def chat(query):
2     output = {}
3     curr_key = None
4     for chunk in rag_chain_with_source.stream(query):
5         for key in chunk:
6             if key not in output:
7                 output[key] = chunk[key]
8             else:
9                 output[key] += chunk[key]
10            if key != curr_key:
11                print(f"\n\n{key}: {chunk[key]}", end="", flush=True)
12            else:
13                print(chunk[key], end="", flush=True)
14            curr_key = key
15 chat("汽車駕駛人若喝酒後, 會使反應遲延, 視力變差。是否正確")
```

執行結果：

```
question: 汽車駕駛人若喝酒後, 會使反應遲延, 視力變差。是否正確

context: [Document(
            page_content=' \n410   X   汽車駕駛人若喝酒後, 會使反應遲延,
                             視力增加。    08',
            metadata={'page': 22, 'source': 'https://ppt.cc/f9nc5x'}),
         Document(
            page_content=' \n409   ○   飲酒後, 會使視覺能力變差, 運動反射
                             神經遲鈍, 肇事率增加。    08',
```

```
                    metadata={'page': 22, 'source': 'https://ppt.cc/f9nc5x'}),
    (省略)
    Document(
            page_content=' \n238    ○    駕駛人酒精濃度超過規定標準，駕車肇
                        事致人重傷或死亡者，除處罰 \n鍰外，吊銷其駕照，
                        並不得再考領。但符合特定條件，且所受吊銷駕 \n駛
                        執照處分，執行已逾相關規定期間，並依規定完成酒駕
                        防制教育或 \n酒癮治療者，不在此限。        08',
            metadata={'page': 13, 'source': 'https://ppt.cc/f9nc5x'})]
```

answer：根據提供的內容，有一條指出「汽車駕駛人若喝酒後，會使反應遲延，視力增加」，
這是不正確的陳述。正確的說法應該是「汽車駕駛人若喝酒後，會使反應遲延，視力變差」。

從這個結果可以看出程式檢索到的都是原始文件中每一頁的標題，並不
是真正關聯的資料，所以模型是以自己的訓練資料來回答問題。

我們再以另一個例子來觀察程式有檢索到關聯資料的情形：

```
1 chat("紅燈可以右轉。是否正確")
```

執行結果：

```
question：紅燈可以右轉。是否正確

context: [Document(
            page_content=' \n447    X    在交岔路口等候左轉之車輛，綠燈亮時
                        即可搶先左轉。        02',
            metadata={'page': 24, 'source': 'https://ppt.cc/f9nc5x'}),
        Document(
            page_content=' \n200    ○    汽車在迴車前，應暫停並顯示左轉燈光
                        或手勢，看清確無來往車輛，\n並注意行人通過，始得
                        迴轉。        02',
            metadata={'page': 11, 'source': 'https://ppt.cc/f9nc5x'}),
    (省略)
        Document(
            page_content=' \n452    X    行車欲超越前方車輛，應先打右方向燈。
                        04',
            metadata={'page': 24, 'source': 'https://ppt.cc/f9nc5x'})]
```

answer：根據提供的資料中第 375 條規定，汽車駕駛人行經有燈光號誌管制之交岔路口，
紅燈右轉者將會被處罰款，因此紅燈時不可以右轉，這個說法是不正確的。

可以看到傳回的資料與問題有關聯, 所以模型才能依據關聯資料回答問題。

RAG 集大成：建立檢索對話代理

除了建立成流程鏈手動強迫執行檢索器, 也可以將檢索器變成工具讓代理自己選用執行。下面我們就來建立檢索對話代理, 首先我們將檢索器定義成工具, 請執行下一個儲存格使用 cerate_retriever_tool 類別來定義工具:

```
1 from langchain.tools.retriever import create_retriever_tool
2
3 tool = create_retriever_tool(
4     retriever=retriever,
5     name="retriever_by_car_regulations",
6     description="搜尋並返回汽車法規是非題內容",
7 )
8 tools = [tool]
```

與 StructuredTool 相同都需要定義工具的名稱和用途描述。

接著就可以使用 create_openai_tools_agent 方法快速建立代理, 過程與第 6 章一樣。首先請建立提示模板:

```
1 from langchain_core.prompts import MessagesPlaceholder
2 prompt = ChatPromptTemplate.from_messages([
3     ('system','你是一位善用工具的好助理，'
4                 '請自己判斷上下文來回答問題，不要盲目地使用工具'),
5     MessagesPlaceholder(variable_name="chat_history"),
6     ('human','{input}'),
7     MessagesPlaceholder(variable_name="agent_scratchpad")
8 ])
```

接著使用 create_openai_tools_agent 建立代理並代入代理執行器:

```
1 from langchain.agents import (
2     AgentExecutor, create_openai_tools_agent)
3
4 agent = create_openai_tools_agent(chat_model, tools, prompt)
5 agent_executor = AgentExecutor(agent=agent, tools=tools)
```

然後同第 6 章加入記錄對話訊息功能，並且一樣只取記憶物件中的最新
6 筆訊息：

```
1 from langchain_community.chat_message_histories import (
2     SQLChatMessageHistory)
3 from langchain_core.runnables.history import (
4     RunnableWithMessageHistory)
5
6 memory = SQLChatMessageHistory(
7         session_id="test_id",
8         connection_string='sqlite:////content/drive/MyDrive/
retriever.db'
9     )
10
11 def window_messages(chain_input):
12     if len(memory.messages) > 6:
13         cur_messages = memory.messages
14         memory.clear()
15         for message in cur_messages[-6:]:
16             memory.add_message(message)
17     return
18
19 def add_history(agent_executor):
20     agent_with_chat_history = RunnableWithMessageHistory(
21         agent_executor,
22         lambda session_id: memory,
23         input_messages_key="input",
24         history_messages_key="chat_history",
25     )
26     memory_chain = (
27         RunnablePassthrough.assign(messages=window_messages)
28         | agent_with_chat_history
29     )
30     return memory_chain
```

建立好以上函式後就可以建立新的代理流程鏈：

```
1 memory_chain = add_history(agent_executor)
```

接著我們就可以開始進行對話：

```
1  while True:
2      msg = input("我說：")
3      if not msg.strip():
4          break
5      for chunk in memory_chain.stream(
6          {"input": msg},
7          config={"configurable": {"session_id": "test_id"}}):
8          if 'output' in chunk:
9              print(f"AI 回覆：{chunk['output']}", end="", flush=True)
10     print('\n')
```

執行結果：

我說：汽車駕駛人若喝酒後，會使反應遲延，視力變差。是否正確
AI 回覆：根據汽車法規，飲酒後會使視覺能力變差，運動反射神經遲鈍，肇事率增加。
因此，汽車駕駛人喝酒後的反應確實會變慢，視力也會變差，這是正確的說法。

我說：紅燈可以右轉嗎？
AI 回覆：根據汽車法規，紅燈時不可以右轉，違反紅燈右轉者將會面臨罰款。因此，紅
燈時不可以進行右轉。

我說：左轉不應該禮讓直行車
AI 回覆：根據汽車法規，左轉車應該要遵守交通號誌，並且在有交通號誌規定的情況下，
要給予直行車輛優先通行權。因此，左轉車應該要禮讓直行車輛。

我說：

這樣就可以持續對話, 反覆詢問之後就可以考駕照了！

7-4 | 總結文件內容的流程鏈

前面的 RAG 是以進行問答為前提而設計的, 但有時候我們只想要知
道文件的核心內容, 這時候就可以交給模型製作懶人包。下面我們將對
LangChain Blog 上一篇講述 LangChain 整合 NVIDIA NIM 服務的文章作摘要,
此文章內容以英文書寫, 所以作摘要的同時還必須翻譯語言, 首先載入文章
內容並且分割, 請執行下一個儲存格載入文章內容：

```
1 from langchain_community.document_loaders import WebBaseLoader
2
3 loader = WebBaseLoader("https://blog.langchain.dev/nvidia-nim/")
4 langchain_docs = loader.load()
```

WebBaseLoader 載入器可以傳入網址並使用 load 方法傳回 HTML 內容字串。

接著使用分割器將文章內容進行分割：

```
1 text_splitter = RecursiveCharacterTextSplitter(chunk_size=200,
2                                               chunk_overlap=10)
3 langchain_splits = text_splitter.split_documents(langchain_docs)
```

不同的總結方式

雖然模型可處理的 token 數量漸漸增加了，但如果一次要將文件送給模型還是有可能會超過限制的 token 數量。如同前面所介紹的，我們可以使用分割器進行分割，但要作成摘要的話，模型還是得將全部內容通通讀過，於是 LangChain 提供了 3 種總結內容的方式：

Stuff

第一種稱為 Stuff，是最直接也最容易的方式，也就是把所有的 Document 都丟給模型作摘要，這必須在不超過模型限制下才能使用，但一般來說也是效果最好的方式，如下圖：

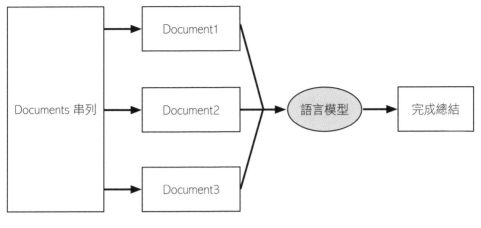

▲ Stuff 流程圖

下面就來使用 LangChain 的 load_summarize_chain 方法來建立總結流程鏈,以剛才介紹的 Stuff 方法將文章內容一次送給模型作摘要,請先執行下一個儲存格建立提示模板,其中 text 是總結流程鏈代入內容的預設參數:

```
1 language_prompt = '使用繁體中文和台灣用詞'
2 prompt = ChatPromptTemplate.from_messages(
3     [("system", "{language}總結以下內容:\n\n{text}")]
4 ).partial(language=language_prompt)
```

接著就來使用 load_summarize_chain 方法建立流程鏈:

```
1 from langchain.chains.summarize import load_summarize_chain
2 chain = load_summarize_chain(llm=chat_model,
3                              prompt=prompt,
4                              chain_type="stuff")
5 print(chain.invoke(langchain_splits)['output_text'])
```

建立時需要代入語言模型和提示模板,而參數 chain_type 可以選擇總結的方式,這裡代入 'stuff'。以下為執行結果:

LangChain整合NVIDIA NIM以實現在RAG中進行GPU優化LLM推論。NVIDIA NIM是一組易於使用的微服務，旨在加速企業中生成式AI的部署。NIM支持各種AI模型，包括開源社區模型、NVIDIA AI基礎模型和自定義AI模型。它建立在堅實的基礎上，包括NVIDIA Triton Inference Server、NVIDIA TensorRT、NVIDIA TensorRT-LLM和PyTorch等推理引擎，旨在實現規模化的AI推理，確保您可以放心地在任何地方部署AI應用。NIM全面支持端到端、雲原生的NVIDIA AI Enterprise軟件平台，為開發和部署生產級AI應用提供便利。LangChain已經整合了NIM，並提供新的集成套件，開發者可以輕鬆使用NVIDIA NIM。該集成套件支持NVIDIA嵌入和對話式整合，使得在RAG應用中使用NVIDIA NIM變得更加容易。

可以看到對於文章內容作了總結，清楚知道是在說明 LangChain 與 NVIDIA 間使用 RAG 的情況。

Map-Reduce

第二種方式是 Map-Reduce，它會依照分割後的個別 Document 物件先作簡單摘要，最後將這些個別摘要的內容整合並再作最後一次摘要，如下圖：

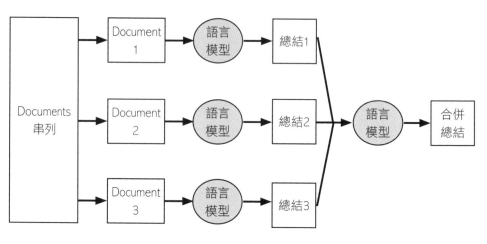

▲ Map-Reduce 流程圖

下面一樣使用 load_summarize_chain 來建立 Map-Reduce 流程鏈，請先執行下一個儲存格建立提示模板：

```
1  reduce_prompt = ChatPromptTemplate.from_messages(
2      [("system", "{language}, 以下是文件內容：\n"
3                   "{text}\n"
4                   "將這些內容進行總結且保持核心內容")]
5  ).partial(language=language_prompt)
6
7  map_prompt = ChatPromptTemplate.from_messages(
8      [("system", "{language}, 以下是一組文件串列：\n"
9                   "{text}\n"
10                  "根據此文件串列，請作摘要並確保核心內容")]
11 ).partial(language=language_prompt)
```

第一個提示會整合個別文件的摘要作總結, 而第二個提示則是幫個別文件作摘要。

接著建立流程鏈將 "map_reduce" 代入給參數 chain_type：

```
1  chain = load_summarize_chain(llm=chat_model,
2                               combine_prompt=reduce_prompt,
3                               map_prompt=map_prompt,
4                               chain_type="map_reduce")
5  print(chain.invoke(langchain_splits)['output_text'])
```

執行結果：

這份文件主要涵蓋了 LangChain 整合 NVIDIA NIM 進行 GPU 優化的 LLM 推論相關內容, 加速企業部署生成式人工智慧。內容包括 NVIDIA AI Enterprise 軟體平台中的 NIM 組件、安裝步驟、模型導入範例, 以及使用 WebBaseLoader 載入基本資料、初始化 NVIDIA 語言嵌入模型和嵌入式向量的步驟, 以及使用 ChatNVIDIA 模型進行對話的相關操作。此外, 文件還提及了 LangChain 與 LangSmith 合作為樂天集團提供產品, 以及最新版本的釋出注意事項, 以及註冊流程說明。整體而言, 這份文件涵蓋了 LangChain 的最新資訊、合作內容以及註冊流程說明, 旨在提高生成式人工智慧推論的效率和性能。

從結果可以看出文章大概講述的內容, 但不會有過多的專有名詞或是數據, 主要以簡單扼要的方式呈現核心內容, 而後面段落為網頁中其他文章的簡述, 因為使用的是 Map-Reduce, 個別段落各自摘要, 並不知道前面段落的內容, 無法判斷其實後面的段落已經不是文章內容, 所以會有一部分被整合到最後的摘要中。另外此方法會要求模型進行多次摘要, 花費的時間較長, 執行時間大概 3~5 分鐘, 也會花費較多的 API 費用。

Refine

第三種是 Refine 方法,此方法與 Map-Reduce 類似,都會針對個別 Document 作摘要,但會將前一個 Document 物件的摘要與下一個 Document 物件內容結合再作摘要,一直反覆執行到處理完所有 Document 物件為止,可以解決 Map-Reduce 遇到的問題,也是最耗費時間和 API 費用的方式,如下圖:

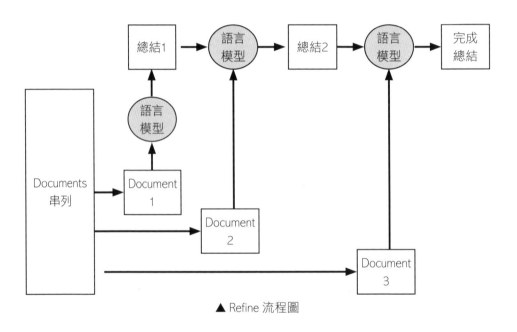

▲ Refine 流程圖

下面一樣使用 load_summarize_chain 來建立 Refine 流程鏈,請先執行下一個儲存格建立提示模板:

```
1 prompt = ChatPromptTemplate.from_messages(
2     [("system", "{language}, 以下是文件的開頭內容：\n"
3                 "{text}\n"
4                 "將這些內容進行總結且保持核心內容")]
5 ).partial(language=language_prompt)
6
7 refine_prompt = ChatPromptTemplate.from_messages(
8     [("system", "{language}, 你的工作是撰寫綜合摘要 \n"
9                 "這是目前的摘要成果：{existing_answer}\n"
10                "藉由底下的額外內容"
```

```
11                    " (若需要的話) 請再補強摘要內容：\n"
12                    "----------\n"
13                    "{text}\n"
14                    "----------\n"
15                    "如果這些額外內容沒有用，請返回原始摘要。")
16      ]
17 ).partial(language=language_prompt)
```

第一個提示會針對第一個 Document 作摘要，第二個提示則是從第二個 Document 開始，依照順序將 Document 物件內容與目前的摘要整合後再作一次摘要。

接著建立流程鏈並傳入 refine 給參數 chain_type：

```
1 chain = load_summarize_chain(chat_model,
2                              question_prompt=prompt,
3                              refine_prompt=refine_prompt,
4                              chain_type="refine")
5 print(chain.invoke(langchain_splits)['output_text'])
```

執行結果：

LangChain整合了NVIDIA NIM，讓客戶更輕鬆地自行託管模型服務，加速企業生成式人工智慧的部署。透過NVIDIA Triton推論伺服器、NVIDIA TensorRT、NVIDIA TensorRT-LLM和PyTorch等推論引擎，LangChain支援無縫部署AI應用程式和大規模推理，在本地部署模型，提供可靠持續運行的服務。LangChain還提供了先進的檢索方法HyDE，讓客戶更輕鬆進行文件檢索，提供更佳的檢索體驗。LangChain的核心功能模組LangChain Core的輸出解析器，讓客戶享有更多自訂功能，進一步提升使用者體驗，使他們能更輕鬆整合並使用NVIDIA Embeddings和FAISS進行索引，並提供更完善的文本處理功能模組。此外，LangChain還提供了其他相關套件，如langchain-community、langchain-text-splitters和faiss-cpu，方便客戶進行模型部署和文本檢索。LangChain提供全方位的整合套件，讓客戶能輕鬆開始使用NIM，從中受益並加速AI應用程式的開發和部署。LangChain團隊和社群會持續提供更新，請訂閱我們的通訊。與此同時，Rakuten Group運用LangChain和LangSmith為其商業客戶和員工提供優質產品。

此方式的優點在於每個 Document 進行總結時，都有之前總結的核心內容當作參考，可以得到比較全面的摘要內容。不過執行過程會十分漫長，時間大概會在 10 分鐘左右完成。

7-5 其他的文件分割器

前面介紹了以字元和以 token 為單位的分割器, 而 LangChain 其實還有提供針對不同形式的文件的分割器, 如: JSON 文件、網頁原始碼文件、不同語言的程式碼文件, 下面我們就來一一介紹不同的分割器:

JSON 格式

首先是 JSON 格式的文件, 我們可以使用 RecursiveJsonSplitter 類別來進行分割, 雖然是 JSON 分割器, 不過它接受的輸入是從 JSON 文字轉換好的 Python 字典, 它會根據字典結構, 切割個別的項目, 下面將會使用 ChatGPT 生成的 JSON 格式範例進行分割, 請先執行下一個儲存格建立範例:

```
 1  json_example={
 2      "school": {
 3          "name": "精英中學",
 4          "address": {
 5              "street": "高科技大道 200 號",
 6              "city": "台北",
 7              "zip_code": "100"
 8          },
 9          "departments": [
10              {
11                  "name": "數學系",
12                  "courses": [
13                      {
14                          "course_name": "高等數學",
15                          "teacher": "李老師",
16                          "students": ["張三", "李四", "王五"]
17                      },
18                      {
19                          "course_name": "線性代數",
20                          "teacher": "周老師",
21                          "students": ["趙六", "孫七", "周八"]
22                      }
23                  ]
24              },
```

```
25            {
26                "name": "物理系",
27                "courses": [
28                    {
29                        "course_name": "量子物理",
30                        "teacher": "張老師",
31                        "students": ["陳九", "鄭十"]
32                    }
33                ]
34            }
35        ]
36    }
37 }
```

接著建立 RecursiveJsonSplitter 物件來分割範例：

```
1 from langchain.text_splitter import RecursiveJsonSplitter
2 splitter = RecursiveJsonSplitter(max_chunk_size=30)
3 docs = splitter.create_documents(texts=[json_example],
4                                  convert_lists=True)
5 pprint(docs[:5])
```

RecursiveJsonSplitter 可以設定最大和最小的 chunk_size, 這邊我們只設定最大 max_chunk_size 為 30, 然後使用 create_documents 方法分割 JSON 格式資料, 參數 convert_lists 設定為 True, 代表會將 JSON 格式中的串列轉為以索引為鍵的字典。執行結果如下：

```
[
    Document(page_content='{"school": {"name": "\\u7cbe\\u82f1\\u4e2d\\
                           u5b78",
                           "address": {"street":
                           "\\u9ad8\\u79d1\\u6280\\u5927\\u9053200\\
                           u865f"}}}'
    ),
    Document(page_content='{"school": {"address": {
                           "city": "\\u53f0\\u5317", "zip_code":
                           "100"}}}'),
    Document(page_content='{"school": {"departments": {
                           "0": {"name": "\\u6578\\u5b78\\
                           u7cfb"}}}}'),
```

```
Document(page_content='{"school": {"departments": {
                        "0": {"courses": {"0": {
                        "course_name": "\\u9ad8\\u7b49\\u6578\\
                        u5b78"}}}}}'
),
Document(page_content='{"school": {"departments": {
                        "0": {"courses": {"0": {
                        "teacher": "\\u674e\\u8001\\u5e2b"}}}}}'
)
]
```

可以看到結果中文轉成 unicode 編碼，而原本的 JSON 格式也被分割，將原本的 'school' 字典分割成多組的 'school' 字典，它會先從字典的最上層開始，以鍵為單位切割出個別項目，如果該項目的內容超過 chunk_size，就會再往下一層切割，否則會嘗試合併下一個項目。另外，你也可以看到原本的 departments 和 courses 項目都因為 convert_lists 設為 True 而被轉成以索引序為鍵的字典。

> **Tip**
> 需要注意的是到 langchain 套件 0.1.16 為止的版本，使用 RecursiveJsonSplitter 類別進行多次分割時，由於底層程式的 bug 會重複串接之前分割的結果，這在 0.1.17 版本已經修正。

這樣就成功分割了 JSON 檔案。

Markdown 格式

接著換分割 Markdown 格式文件，我們將會依據 # 數量來分割大標小標，首先請先建立範例 Markdown 字串，請執行下一個儲存格：

```
1 md = '''
2 # 時間管理的藝術
3
4 時間管理是一項關鍵技能，可以幫助個人有效地利用時間，提高生產力和效率。
5 本文件旨在提供一些基本的時間管理技巧，幫助讀者更好地規劃和利用自己的時間。
```

```
 6
 7 ## 為什麼時間管理如此重要？
 8
 9 在快節奏的現代生活中，時間成為了一種寶貴的資源。
10 良好的時間管理不僅可以幫助我們完成更多的工作，還可以提高生活質量，
11 給予我們更多時間去追求個人興趣和與家人、朋友相處的時光。
12
13 ## 基本時間管理技巧
14
15 ### 設定目標
16
17 - **確定優先順序**：了解哪些任務最重要，哪些可以稍後處理。
18 - **SMART 目標**：設定具體（Specific）、可衡量（Measurable）、
19 可達成（Achievable）、相關（Relevant）、時間限定（Time-bound）的目標。
20
21 ### 規劃你的時間
22
23 - **每日計劃**：每天制定一個實際可行的待辦事項清單。
24 - **時間塊劃分**：將一天分成幾個時間塊，每個時間塊分配特定的任務。
25
26 ### 避免拖延
27
28 - **使用番茄工作法**：專注工作 25 分鐘，然後休息 5 分鐘。
29 - **設定獎勵**：完成任務後給自己一些小獎勵。
30
31 ## 工具和應用
32
33 - **Google Calendar**：用於時間規劃和會議安排。
34 - **Trello**：一個項目管理工具，有助於跟蹤任務和進度。
35 - **Pomodoro Timer**：一個簡單的線上番茄鐘工具。
36
37 ## 結語
38
39 有效的時間管理要求持之以恆的努力和自我反思。透過實踐上述技巧，
40 您將能夠更有效地利用您的時間，達成個人和專業目標，同時享有更豐富的個人生活。
41 '''
```

接著匯入 MarkdownHeaderTextSplitter 分割器類別, 此類別會針對標題進行分割：

```
1 from langchain_text_splitters import MarkdownHeaderTextSplitter
```

然後建立一個字典指定每個 # 數量代表的意義，最後分割器就會依據字典將分割結果寫入到 metadata 屬性中：

```
 1 headers_to_split_on = [
 2     ("#", "Header 1"),
 3     ("##", "Header 2"),
 4     ("###", "Header 3"),
 5 ]
 6
 7 markdown_splitter = MarkdownHeaderTextSplitter(
 8     headers_to_split_on=headers_to_split_on, strip_headers=False)
 9
10 md_header_splits = markdown_splitter.split_text(md)
11 pprint(md_header_splits)
```

參數 strip_headers 設定為 False 表示分割後會保留標題，否則預設會將標題移除，以下為執行結果：

```
[
    Document(
        page_content='時間管理是一項關鍵技能，可以幫助個人有效地利用時間，
                       提高生產力和效率。\n本文件旨在提供一些基本的時間管理技
                       巧，幫助讀者更好地規劃和利用自己的時間。',
        metadata={'Header 1': '時間管理的藝術'}
    ),
    Document(
        page_content='在快節奏的現代生活中，時間成為了一種寶貴的資源。\n良
                       好的時間管理不僅可以幫助我們完成更多的工作，還可以提高
                       生活質量，\n給予我們更多時間去追求個人興趣和與家人、朋
                       友相處的時光。',
        metadata={'Header 1': '時間管理的藝術',
                  'Header 2': '為什麼時間管理如此重要？'}
    ),
    Document(
        page_content='- **確定優先順序**：了解哪些任務最重要，哪些可以稍後
                       處理。\n- **SMART目標**：設定具體（Specific）、可衡量
                       （Measurable）、\n可達成（Achievable）、相關（Relevant）、
                       時間限定（Time-bound）的目標。',
        metadata={'Header 1': '時間管理的藝術',
                  'Header 2': '基本時間管理技巧',
                  'Header 3': '設定目標'}
    ),
```

```
Document(
    page_content='- **每日計劃**：每天制定一個實際可行的待辦事項清單。
                    \n-   **時間塊劃分**：將一天分成幾個時間塊，每個時間塊
                    分配特定的任務。',
    metadata={'Header 1': '時間管理的藝術',
              'Header 2': '基本時間管理技巧',
              'Header 3': '規劃你的時間'}
),
Document(
    page_content='- **使用番茄工作法**：專注工作 25 分鐘，然後休息 5 分鐘。
                    \n- **設定獎勵**：完成任務後給自己一些小獎勵。',
    metadata={'Header 1': '時間管理的藝術',
              'Header 2': '基本時間管理技巧',
              'Header 3': '避免拖延'}
),
Document(
    page_content='- **Google Calendar**：用於時間規劃和會議安排。\n-
                    **Trello**：一個項目管理工具，有助於跟蹤任務和進度。\
                    n- **Pomodoro Timer**：一個簡單的線上番茄鐘工具。',
    metadata={'Header 1': '時間管理的藝術', 'Header 2': '工具和應用
'}
),
Document(
    page_content='有效的時間管理要求持之以恆的努力和自我反思。透過實踐
                    上述技巧，\n您將能夠更有效地利用您的時間，達成個人和專
                    業目標，同時享有更豐富的個人生活。',
    metadata={'Header 1': '時間管理的藝術', 'Header 2': '結語'}
)
]
```

可以看到分割後 Document 物件中的 metadata 屬性就多了相對應的字典值。這樣從內容找標題時也比較方便。

如果 Document 物件的內容太多也可以再一次進行分割，下面使用 RecursiveCharacterTextSplitter 分割器進行再分割：

```
1 chunk_size = 50
2 chunk_overlap = 10
3
4 text_splitter = RecursiveCharacterTextSplitter(
5     chunk_size=chunk_size, chunk_overlap=chunk_overlap
6 )
```

```
7
8 splits = text_splitter.split_documents(md_header_splits)
9 pprint(splits[:2])
```

執行結果：

```
[
    Document(
        page_content='# 時間管理的藝術   \n時間管理是一項關鍵技能，可以幫助
                    個人有效地利用時間，提高生產力和效率。',
        metadata={'Header 1': '時間管理的藝術'}
    ),
    Document(
        page_content='本文件旨在提供一些基本的時間管理技巧，幫助讀者更好地
                    規劃和利用自己的時間。',
        metadata={'Header 1': '時間管理的藝術'}
    )
]
```

這樣一來文件進行一次完整的 Markdown 格式分割後，你還可以依照需求再進行細微分割。

HTML 格式

這一小節我們將從維基百科中把蔡英文的資料當作範例使用，可以前往 'https://zh.wikipedia.org/zh-tw/蔡英文' 自行閱覽，這裡會使用 LangChain 提供的 HTMLHeaderTextSplitter 分割器類別，將 HTML 程式碼中的 h1、h2 等標頭元素作為分割元素，請先執行下一個儲存格匯入類別：

```
1 from langchain_text_splitters import HTMLHeaderTextSplitter
```

首先設置好網址與分割字串，分割字串就如同剛才分割 Markdown 格式，將個別元素與相對值包裝成字典格式，然後建立 HTMLHeaderTextSplitter 分割器：

```
 1  url = "https://zh.wikipedia.org/zh-tw/%E8%94%A1%E8%8B%B1%E6%96%87"
 2
 3  headers_to_split_on = [
 4      ("h1", "Header 1"),
 5      ("h2", "Header 2"),
 6      ("h3", "Header 3"),
 7      ("h4", "Header 4"),
 8  ]
 9
10  html_splitter = HTMLHeaderTextSplitter(
11      headers_to_split_on=headers_to_split_on)
12
13  html_header_splits = html_splitter.split_text_from_url(url)
14  pprint(html_header_splits[5:8])
```

使用 HTMLHeaderTextSplitter 物件的 split_text_from_url 可以直接傳入網址,它將會解析網址並傳回 HTML 格式字串,最後部分執行結果如下:

```
[
    Document(
        page_content='1986 年，由於自身的國際貿易專業知識，蔡英文首次加入中
                      華民國政府擔任相關官員 [40]，在 1980 年代後期開始參與臺
                      灣對外的經濟貿易談判 [38]。她後來成為首席談判代表，在第
                      一線參與關鍵談判 [38][40]。同時還加入政府，開始出任一系
                      列重要、且政策導向的職務 [71]。在 1993 年至 2000 年，她
                      擔任經濟部貿易調查委員會委員 [82]。在 1995 年至 1998 年，
                      她獲委
                      (省略)
                      次參與國際談判、及參與海峽兩岸「辜汪會談」等，決定延攬
                      當時尚不知名的她進入執政團隊 [33][78]。',
        metadata={'Header 1': '蔡英文',
                  'Header 2': '早期工作',
                  'Header 3': '貿易談判代表'}
    ),
    Document(
        page_content='1994 年，在經過長期的國際事務歷練後，蔡英文深深獲得時
                      任中華民國總統李登輝等政府高級官員的賞識 [72]，並欽點她
                      擔任李登輝政府的兩岸問題專家 [50][69][86]。從 1994 年至
                      1998 年，蔡英文擔任行政院大陸委員會諮詢委員會委員 [61]
                      [69]，協助統籌處理海峽兩岸關係事務 [90][84]。其政治生
                      涯因這次機緣，長期與兩岸問題有密切關係 [90]。在 1994 年
                      至 1995 年
                      (省略)
```

```
                         究報告的主筆人 [90][72][92]，此後李登輝採用該研究成果，
                         公開提出「特殊的國與國關係」理論 [92]，導致 1999 年海峽
                         兩岸關係陷入緊張 [50]。這段歷史曾讓馬英九在出席競選活動
                         時要求說明 [90]，中國共產黨也藉此指控她是「分裂中國的始
                         作俑者」[92]。'
    ,
         metadata={'Header 1': '蔡英文',
                   'Header 2': '早期工作',
                   'Header 3': '兩岸關係幕僚'}
    ),
    Document(
         page_content='2000 年，民主進步黨候選人陳水扁當選總統，並在 5 月 20
                         日執政 [96]。這是該黨首次執政 [78]，對內需要擴展民意支持、
                         鞏固政權基礎，對外則要穩定海峽兩岸關係、安撫美國 [33]。
                         經過邀請，陳水扁任命蔡英文擔任行政院大陸委員會主任委員
                         [43][61][96]，並參加國家安全會議，開始其高層政治生涯
                         [30]。這是她第一次真正步入政壇 [72]，也正式與中華人民共
                         和國交手 [92][97][98]。作為陳水扁任內首位行政院大陸委
                         員會主任委員，她還是行政院大陸委
                         ( 省略 )
                         ，也因為這是一份備受矚目的困難任務，讓她在臺灣很快受到
                         注意 [46]。她在連續 4 年的內閣閣員滿意度輿論調查都是第一
                         名 [92]。相對地，中華人民共和國政府則是把其視為「鬥爭與
                         談判的對手」，並運用「文攻武嚇」的策略 [92]。',
         metadata={'Header 1': '蔡英文',
                   'Header 2': '步入政壇',
                   'Header 3': '陸委會主委'}
    )
]
```

　由於每個段落還滿長的，這時候就可以根據需求對每個 Document 物件進
行再分割：

```
1 chunk_size = 500
2 chunk_overlap = 30
3 text_splitter = RecursiveCharacterTextSplitter(
4     chunk_size=chunk_size, chunk_overlap=chunk_overlap
5 )
6
7 splits = text_splitter.split_documents(html_header_splits)
8 pprint(splits[5:8])
```

執行結果：

```
[
    Document(
        page_content=' 編輯連結　\n條目討論　\n臺灣正體 \n不转换简体繁體大
                      陆简体香港繁體澳門繁體大马简体新加坡简体臺灣正體　\n閱
                      讀檢視原始碼檢視歷史　\n工具　\n移至側邊欄隱藏　\n工
                      具　\n操作　\n閱讀檢視原始碼檢視歷史　\n一般　\n連結
                      至此的頁面相關變更上傳檔案特殊頁面固定連結頁面資訊引用
                      此頁面取得短網址下載 QR 碼維基數據項目　\n列印 / 匯出
                      \n下載為 PDF 可列印版　\n其他專案　\n維基共享資源維基
                      新聞維基語錄維基文庫　\n維基百科，自由的百科全書 ',
        metadata={'Header 1': ' 蔡英文 '}
    ),
    Document(
        page_content=' 蔡英文 \xa0 中華民國第 14 － 15 任總統選舉：2016、2020
                      就任日期 2016 年 5 月 20 日行政院院長林全（2016 － 2017）
                      賴清德（2017 － 2019）蘇貞昌（2019 － 2023）陳建仁（2023
                      －）副總統陳建仁（第 14 任）賴清德（第 15 任）秘書長前任
                      馬英九繼任賴清德（候任）多數票 ',
        metadata={'Header 1': ' 蔡英文 '}
    ),
    Document(
        page_content=' 第 7 任國家安全會議主席就任日期 2016 年 5 月 20 日副職陳
                      建仁（2016 － 2020）賴清德（2020 － 2024）秘書長 吳釗燮
                      （2016 － 2017）嚴德發（2017 － 2018）李大維（2018
                      － 2020）顧立雄（2020 －）前任馬英九繼任賴清德 \xa0 民主
                      進步黨第 13 、 15、17 任主席任期 2020 年 5 月 20 日－2022
                      年 11 月 30 日辭職秘書長林錫耀前任卓榮泰繼任陳其邁（代理）
                      賴清德（正任）任期 2014 年 5 月 28 日－2018 年 11 月 28 日
                      辭職秘書長吳釗燮洪耀福前任蘇貞昌繼任林右昌（代理）卓榮
                      泰（正任）任期 2008 年 5 月 20 日－2012 年 1 月 14 日辭職
                      秘書長王拓吳乃仁蘇嘉全前任謝長廷（代理）陳水扁（正任）
                      繼任陳菊（代理）蘇貞昌（正任）\xa0 中華民國第 26 任行政
                      院副院長任期 2006 年 1 月 25 日－2007 年 5 月 21 日總統陳水
                      扁行政院院長蘇貞昌前任吳榮義繼任邱義仁 \xa0 中華民國第
                      10 任行政院消費者保護會主任委員任期 2006 年 1 月 25
                      日－2007 年 5 月 21 日行政院院長蘇貞昌前任吳榮義繼任邱義
                      仁 \xa0 中華民國第 6 屆立法委員任期 2005 年 2 月 1 日－
                      2006 年 1 月 23 日繼任吳明敏選區全國不分區 \xa0 中華民國
                      第 6 任行政院大陸委員 ',
        metadata={'Header 1': ' 蔡英文 '}
    )
]
```

剛才的每個 Document 物件又被分割得更細了，這樣模型在參考資料時也能更快找出核心部分。

不同程式碼格式

　　不同程式語言有不一樣的寫法，而 LangChain 提供有 Language 類別定義有這些程式語言的分割字串，可供 RecursiveCharacterTextSplitter 分割器依序進行分割，請先匯入相關類別：

```
1 from langchain_text_splitters import (
2     Language,
3     RecursiveCharacterTextSplitter,
4 )
```

　　我們可以列出 Language 可以分割的程式語言種類：

```
1 [e.value for e in Language]
```

　　執行結果：

```
['cpp',
 'go',
 'java',
 'kotlin',
 'js',
 'ts',
 'php',
 'proto',
 'python',
 'rst',
 'ruby',
 'rust',
 'scala',
 'swift',
 'markdown',
 'latex',
 'html',
 'sol',
```

```
'csharp',
'cobol',
'c',
'lua',
'perl']
```

大部分常見的程式語言都可以進行分割，接著我們來看要分割 Python 程式碼需要的分割字串：

```
1 RecursiveCharacterTextSplitter.get_separators_for_language(
2     Language.PYTHON)
```

使用 get_separators_for_language 方法並代入 Language 的 PYTHON 屬性。以下為執行結果：

```
['\nclass ', '\ndef ', '\n\tdef ', '\n\n', '\n', ' ', '']
```

如果程式碼出現以上字串時就會進行分割，下面我們就以印出 hello world 的程式碼進行分割，請執行下一個儲存格觀察結果：

```
 1 python_code = """
 2 def hello_world():
 3     print("Hello, World!")
 4
 5 # 呼叫函式
 6 hello_world()
 7 """
 8 python_splitter = RecursiveCharacterTextSplitter.from_language(
 9     language=Language.PYTHON, chunk_size=50, chunk_overlap=0
10 )
11 python_docs = python_splitter.create_documents([python_code])
12 for doc in python_docs:
13     print(doc.page_content)
14     print('.'*10)
```

使用 create_documents 方法將程式碼先分割後轉換成 Document 串列。執行結果如下：

```
def hello_world():
    print("Hello, World!")
..........
# 呼叫函式
hello_world()
..........
```

可以看到首先依照 "def" 分割, 分割完後超過 chunk_size 設定, 所以會再依據 " \n\n" 分割段落, 結果成功將函式與呼叫函式的程式碼分開。

接下來我們建立 C# 語言的程式碼, 它會將年齡區分成未成年、成年和老年：

```
1 csharp_code = """
2 using System;
3 class Program
4 {
5     static void Main()
6     {
7         int age = 30; // 根據需要更改年齡值
8
9         // 根據年齡對人進行分類，並輸出到控制台
10        if (age < 18)
11        {
12            Console.WriteLine("年齡小於 18：未成年 ");
13        }
14        else if (age >= 18 && age < 65)
15        {
16            Console.WriteLine("年齡在 18 至 64 之間：成年人 ");
17        }
18        else
19        {
20            Console.WriteLine("年齡 65 歲或以上：老年人 ");
21        }
22    }
23 }
24
25 """
```

接著來看 C# 的分割字串：

```
1 RecursiveCharacterTextSplitter.get_separators_for_language(
2     language=Language.CSHARP)
```

執行結果：

```
['\ninterface ',
 '\nenum ',
 '\nimplements ',
 '\ndelegate ',
 '\nevent ',
 '\nclass ',
 '\nabstract ',
 '\npublic ',
 '\nprotected ',
 '\nprivate ',
 '\nstatic ',
 '\nreturn ',
 '\nif ',
 '\ncontinue ',
 '\nfor ',
 '\nforeach ',
 '\nwhile ',
 '\nswitch ',
 '\nbreak ',
 '\ncase ',
 '\nelse ',
 '\ntry ',
 '\nthrow ',
 '\nfinally ',
 '\ncatch ',
 '\n\n',
 '\n',
 ' ',
 '']
```

可以看到比 python 多出了很多的分割字串。接著如同分割 python 程式碼一樣, 請執行下一個儲存格分割 C# 程式碼：

```
1 csharp_splitter = RecursiveCharacterTextSplitter.from_language(
2     language=Language.CSHARP, chunk_size=50, chunk_overlap=0
3 )
4 csharp_docs = csharp_splitter.create_documents([csharp_code])
5 for doc in csharp_docs:
6     print(doc.page_content)
7     print('.'*10)
```

執行結果如下：

```
using System;
..........
class Program
{
    static void Main()
    {
..........
int age = 30; // 根據需要更改年齡值
..........
// 根據年齡對人進行分類，並輸出到控制台
..........
if (age < 18)
        {
..........
Console.WriteLine("年齡小於 18：未成年");
..........
}
        else if (age >= 18 && age < 65)
..........
{
..........
Console.WriteLine("年齡在 18 至 64 之間：成年人");
..........
}
        else
        {
..........
Console.WriteLine("年齡 65 歲或以上：老年人");
..........
}
    }
}
..........
```

可以看到首先依照 "\nclass " 分割成第 2 行及第 3~23 行兩段, 第 3~23 行超過 chunk_size 設定, 所以會再依據 "\n\n" 分割段落切成第 3~7 以及 9~23 行, 個別都超過 chunk_size 設定, 最後再依據 "\n" 切成單行後, 各行都小於 chunk_size 設定, 最後進行合併以及移除前後空白, 就是你看到的結果了。你可能會想說為什麼沒有使用像是 "\nif " 等分割段落, 這是因為 if 前面是空字串而不是換行字元, 與分割字串不符的關係。以上就是分割程式碼的方式。

以上就是文件資料進行問答和總結的方式, 以及面對不同格式的文件可以使用的分割器種類, LangChain 還有提供其他的載入器和分割器, 讀者可以依照需求參考說明文件, 下一章我們將繼續介紹 RAG 與圖形資料庫, 讓我們可以迅速找到關聯的資料。

加油！

CHAPTER 8

RAG 與圖形資料庫

　　上一節介紹了 RAG 使用向量資料庫查詢關聯資料來擴展模型的知識，而這章要介紹的圖形資料庫，將本來就有關聯的資料整合過再查詢，這類資料常見的像是銷售資料，每一張訂單都會關連到個別的商品，每個商品又關聯到上游供貨的廠商，你也可能想要反向查詢特定商品出現在哪些訂單中？如果能事先建立好各項資料之間的關聯，查詢時就可以快速取得精確的資料給模型參考。

8-1　什麼是圖形資料庫？

　　圖形資料庫專門設計用來處理高度連結的資料。這種資料庫適合用於關係資訊的應用場景,其中關係資訊與資料本身同樣重要。圖形資料庫之所以在這些領域表現出色,是因為它們能夠直觀地表達和查詢複雜的關係網路,反觀傳統的關聯式資料庫在處理這類高度連結的資料時則必須建構複雜難懂的查詢方式。以電影資料庫為例,傳統資料庫的作法,如下圖:

❶ 首先建立一個電影表格:

movieid	released	title	imdbRating
電影編號	發行日期	片名	評分

❷ 建立電影與演員關係的表格:

movieid	actor
電影編號	演員

❸ 建立電影與導演關係的表格:

movieid	director
電影編號	導演

❹ 建立電影與類型關係的表格:

movieid	genre
電影編號	類型

　　關聯式資料庫必須個別建立與電影表格有關係的個別表格,才能透過電影編號找到相關的資料,而圖形資料庫則是如下圖:

movieid	released	title	actor	director	genre	imdbRating
電影編號	發行日期	片名	演員	導演	類型	評分

▲ 建立一個表格將所有項目都列入。

並且在建立資料庫的時候就建立好個別欄位之間的關係，以下是圖形資料庫作好的關係圖，可以看到 2022 年上映的臺灣動作喜劇電影《關於我和鬼變成家人的那件事》中有 4 位演員主演：

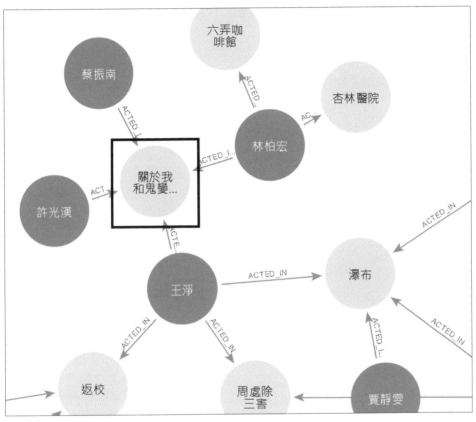

▲ 圖形資料庫會幫你建立關係圖。

從圖中也可看到演員林柏宏有演出過《六弄咖啡館》和《杏林醫院》，而演員王淨有演過《返校》、《瀑布》和《周處除三害》，其他兩位演員許光漢和蔡振南在這個資料庫中沒有其他出演過的電影，從這邊就可以看出圖形資料庫幫我們釐清他們之間的關係。比起傳統資料庫，圖形資料庫可以依照個別資料間的關係快速查詢資料。

下面我們將會建立以圖形資料庫為核心的對話流程鏈, 將問題轉換成以 Cypher 語法撰寫的圖形資料庫查詢語句, 從圖形資料庫查詢資料後送給模型彙整並回答問題。請依照慣例前往以下網址選擇本章 Colab 筆記本並儲存副本:

```
https://www.flag.com.tw/bk/t/F4763
```

首先請執行下一個儲存格安裝相關套件:

```
1 !pip install langchain langchain_openai rich
```

接著匯入相關套件和金鑰, 請執行下一個儲存格建立模型物件:

```
1 # 匯入套件和金鑰
2 import os
3 from google.colab import userdata
4 from rich import print as pprint
5 from langchain_openai import ChatOpenAI
6 chat_model = ChatOpenAI(api_key=userdata.get('OPENAI_API_KEY'))
```

記得一樣要開啟本章範例檔讀取 secrets 中 OpenAI 金鑰的存取權。

註冊圖形資料庫 Neo4j

LangChain 提供有搭配各種圖形資料庫類別可以使用, 這裡我們使用 Neo4j 圖形資料庫, 它是由 Java 和 Scala 寫成的一個NoSql資料庫, 專門用於圖形存取, 而且可以在線上使用的資料庫。下面我們就先來註冊 Neo4j 並建立空的資料庫:

1. 前往網頁 https://console.neo4j.io/ 註冊帳號

❶ 請使用 Google 帳號登入

❷ 選擇用戶

❸ 點擊繼續

④ 按此同意授權條款

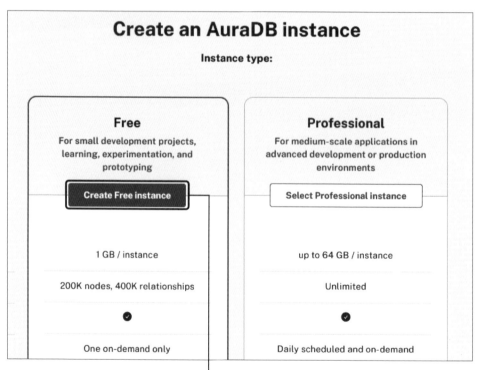

⑤ 點選免費方案建立資料庫實例

免費用戶只能建立一個資料庫實例, 並且只有 1GB 的儲存空間, 圖形也只能有 20 萬個節點和 40 萬個關係, 3 天沒有使用就會自動休眠。

Credentials for Instance01

Username: neo4j

Generated password

5bLmuPtbl4t-███████████GNQBG8do6lPI 　　　　　📋

⚠ Note that the password will not be available after this point.

Close 　　　**Download and continue**

❻ 按此下載新建立的資料庫實例密碼檔案並
繼續等資料庫實例建立 (需要一小段時間)

Instances 　　New Instance

Instance01 Free 　　　　　　　　　　　 ☐ Open
5817c5af

● Running

Neo4j version　5
Nodes　0 / 200000 (0%)
Relationships　0 / 400000 (0%)
Region　Singapore (asia-southeast1) ☁
Connection URI　neo4j+s://5817c5af.databases.neo4j.io 📋 　　　🗑 　⋯

▲ 這樣就建立好資料庫實例了

建立好後我們先打開剛才下載的密碼檔：

資料庫實例的連接網址

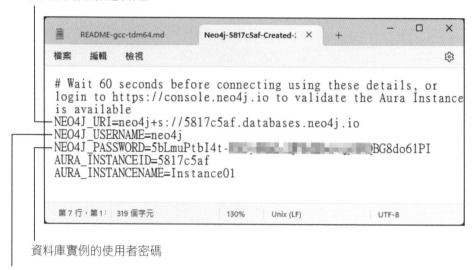

資料庫實例的使用者密碼

資料庫實例的使用者名稱

　　將連接網址和使用者密碼分別以 NEO4J_URI 和 NEO4J_PASSWORD 名稱存入到 Colab Sercet 窗格中, 如下圖 :

連接資料庫及匯入資料

　　有了剛才取得的資料庫網址以及密碼, 我們就可以使用 LangChain 提供的 Neo4jGraph 類別來連接 Neo4j 資料庫, 請先執行下一個儲存格安裝 neo4j 套件 :

```
1 !pip install neo4j
```

請執行下一個儲存格匯入類別並連接資料庫：

```
1 from langchain_community.graphs import Neo4jGraph
2
3 graph = Neo4jGraph(
4     url=userdata.get('NEO4J_URI'),
5     username='neo4j',
6     password=userdata.get('NEO4J_PASSWORD'),
7 )
```

建立 Neo4jGraph 物件時，參數 url 就代入剛才記錄在 Colab Sercet 窗格的 NEO4J_URI 的值；參數 username 代入使用者名稱；參數 password 代入 NEO4J_PASSWORD 的值。

連接好資料庫後就可以將檔案匯入到資料庫中，旗標公司使用 TMDB API 整理好一份有入圍過金馬獎、奧斯卡獎的 CSV 格式電影資訊文件，每一列一部電影，依序包含有電影識別編號、上映日期、電影標題、演員、導演、類型和評分，部分內容如下所示：

	A	B	C	D	E	F	G	H
1	MovieID	Release Date	Title	Cast	Director	Genres	Vote Average	
2	1	2020/9/18	消失的情	劉冠廷,	陳玉勳	喜劇, 愛	7	
3	2	2017/1/26	健忘村	舒淇, 王	陳玉勳	喜劇	6.2	
4	3	2013/8/16	總舖師	楊祐寧,	陳玉勳	喜劇, 劇	6.2	
5	4	2019/11/1	陽光普照	陳以文,	鍾孟宏	劇情, 犯	7.7	
6	5	2023/2/10	關於我和	許光漢,	程偉豪	喜劇, 懸	6.8	
7	6	2021/10/29	瀑布	賈靜雯,	鍾孟宏	劇情	6.8	
8	7	2016/11/18	一路順風	許冠文,	鍾孟宏	劇情, 犯	7.3	
9	8	2019/9/20	返校	王淨, 曾	徐漢強	恐怖, 懸	6.7	
10	9	2023/10/6	周處除三	阮經天,	黃精甫	动作, 犯	7.3	
11	10	2012/10/30	狀況排除	高英轩,	詹京霖	劇情	9	

接著就可以匯入到資料庫中建立它們的相對關係。Neo4j 圖形資料庫使用 Cypher 語法的查詢語言：

```
1 movies_query = """
2 LOAD CSV WITH HEADERS FROM
3 'https://FlagTech.github.io/F4763/movie_data.csv'
4 AS row
5 MERGE (m:Movie {id:row.MovieID})
6 SET m.released = date(row.Release_Date),
7     m.title = row.Title,
8     m.imdbRating = toFloat(row.Vote_Average)
9 FOREACH (director in split(row.Director, ', ') |
10     MERGE (p:Person {name:trim(director)})
11     MERGE (p)-[:DIRECTED]->(m))
12 FOREACH (actor in split(row.Cast, ', ') |
13     MERGE (p:Person {name:trim(actor)})
14     MERGE (p)-[:ACTED_IN]->(m))
15 FOREACH (genre in split(row.Genres, ', ') |
16     MERGE (g:Genre {name:trim(genre)})
17     MERGE (m)-[:IN_GENRE]->(g))
18 """
19
20 # 執行 Cypher 程式碼
21 graph.query(movies_query)
```

執行結果：

- 第 2~4 行：指定網址載入含有欄位標頭的 CSV 檔案，將讀取到的每一列資料設定給 row 變數。

- 第 5 行：使用 MERGE 語法建立一個名稱為 m、標籤為 Movie 的節點，設定其 id 屬性為 row 的 MovieID 欄位。

- 第 6~8 行：使用 SET 設置 Movie 節點的其他屬性，包含發行日期 (relessed)、標題 (title) 和評分 (imdbRating)。

- 第 9~11 行：對 row 的導演欄位使用 split 方法分割導演名字，然後對每一位導演使用 MERGE 語法建立名稱為 p、標籤為 Person 的節點，並設置 name 屬性為導演名字。然後建立一個從 p 節點到 m 節點，標籤為 DIRECTED 的關係，表示這位導演是這部電影的導演之一。

- 第 12~17 行：與前面相同的方式為每個演員建立標籤為 Person 的節點, 並建立標籤為 ACTED_IN 的關係, 連接演員和電影。電影類型也一樣建立標籤為 Genre 的節點, 並建立從 Movie 節點到 Genre 節點, 標籤為 IN_GENRE 的關係。

Tip

本文僅會說明範例中使用到的查詢語法, 完整的 Cypher 語法可以到 https://neo4j.com/docs/cypher-manual/current/introduction/ 查看。

Tip

此電影文件只取部分在金馬獎、奧斯卡入圍過的電影, 並不是所有入圍過的電影資訊。

請執行上述儲存格匯入資料後, 我們回到剛才的線上資料庫：

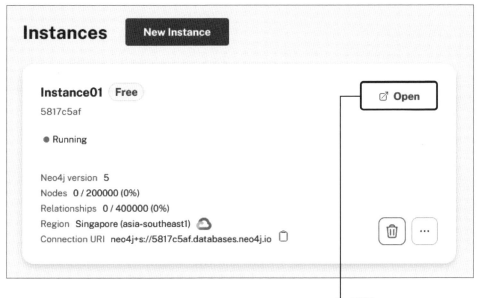

❶ 點擊 Open

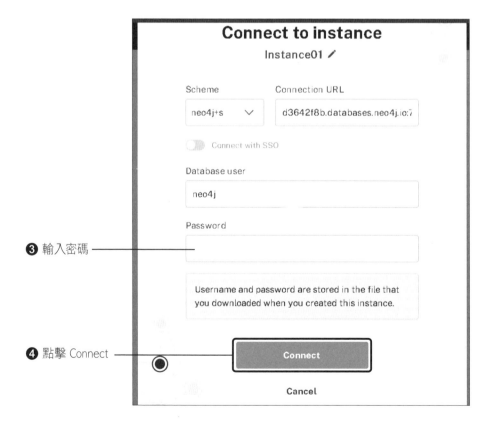

Terms & Conditions

To continue using this software you must agree with these terms and conditions.

NEO4J, INC. EARLY ACCESS AGREEMENT FOR NEO4J SOFTWARE

IMPORTANT –CAREFULLY READ ALL THE TERMS AND CONDITIONS OF THIS NEO4J
EARLY ACCESS AGREEMENT FOR NEO4J SOFTWARE (THIS "AGREEMENT"). BY
CLICKING "I ACCEPT," "CREATE", OR PROCEEDING WITH THE INSTALLATION OF
THE NEO4J SOFTWARE ("SOFTWARE"), OR USING THE SOFTWARE YOU AS AN
AUTHORIZED REPRESENTATIVE OF YOUR COMPANY ON WHOSE BEHALF YOU
INSTALL AND/OR USE THE SOFTWARE ("LICENSEE" OR "YOU") ARE INDICATING
THAT YOU HAVE READ, UNDERSTAND AND ACCEPT THIS AGREEMENT WITH NEO4J,
INC. ("NEO4J"), AND THAT YOU AGREE TO BE BOUND BY ITS TERMS. IF YOU DO NOT
AGREE WITH ALL OF THE TERMS OF THIS AGREEMENT, DO NOT INSTALL, COPY OR
OTHERWISE USE THE SOFTWARE. THE EFFECTIVE DATE OF THIS AGREEMENT
SHALL BE THE DATE THAT LICENSEE ACCEPTS THIS AGREEMENT.
TO THE FULLEST EXTENT PERMITTED, USE OF THE SOFTWARE IS AT YOUR OWN
RISK AND USERS ARE ADVISED TO MAINTAIN BACKUPS TO AVOID POTENTIAL

❷ 點擊 Accept
接受服務條款

Accept

Connect to instance

Instance01 ✏

Scheme
neo4j+s ⌄

Connection URL
d3642f8b.databases.neo4j.io:7

Connect with SSO

Database user
neo4j

Password

❸ 輸入密碼

Username and password are stored in the file that
you downloaded when you created this instance.

❹ 點擊 Connect

Connect

Cancel

進到以下畫面：

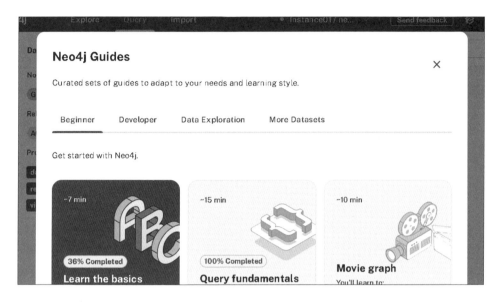

❺ 關閉導覽

可以看到已經建立多個 Nodes：

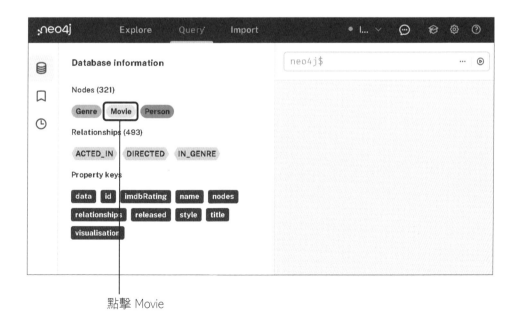

點擊 Movie

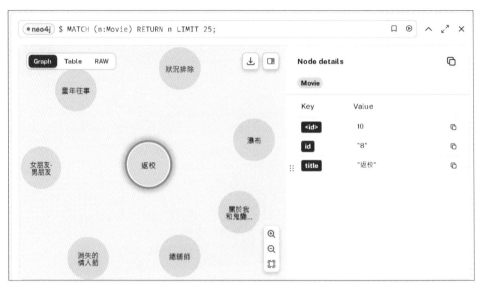

▲ 這是《返校》的節點所有相關的資訊，也可以看到旁邊有其他的電影

接著點擊 ACTED_IN：

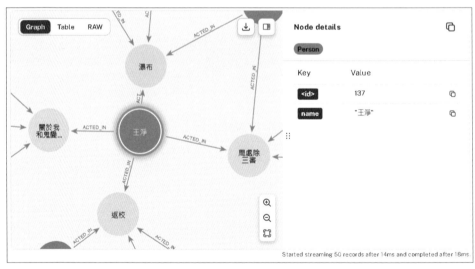

▲ 這是演員王淨的節點，可以看到除了她演過的《返校》外，還有其他三部電影

然後點擊 DIRECTED：

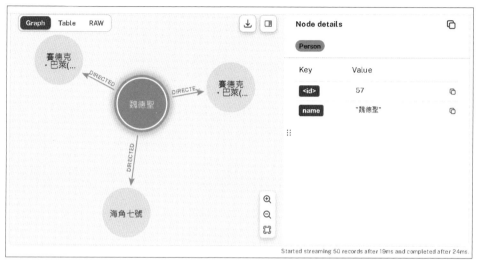

▲ 這是導演魏德聖的節點，可以看到他執導過的《海角七號》與《賽德克・巴萊》系列電影。

透過點擊左邊節點就可以觀察個別資料的關係圖。

接著回到 Colab 重新整理資料庫，並且將資料庫結構印出，請執行下一個儲存格：

```
1 graph.refresh_schema() # 重新整理
2 print(graph.schema)
```

執行結果：

```
Node properties:
Movie {id: STRING, released: DATE, title: STRING, imdbRating: FLOAT}
Person {name: STRING}
Genre {name: STRING}
Relationship properties:

The relationships:
(:Movie)-[:IN_GENRE]->(:Genre)
(:Person)-[:DIRECTED]->(:Movie)
(:Person)-[:ACTED_IN]->(:Movie)
```

你可以看到透過圖形資料庫，不只可以儲存資料，也可以儲存複雜的關係。

建立問答流程鏈

資料匯入並建立好圖形結構就可以建立流程鏈進行問答，使用 LangChain 內建的 GraphCypherQAChain 類別可以建立圖形資料庫的問答流程鏈，此類別會讓模型根據問題自己生成 Cypher 語法的查詢語句來查詢資料，最後將資料送回給模型彙整並回覆。請執行下一個儲存格觀察結果：

```python
1 from langchain.chains import GraphCypherQAChain
2
3 cypher_chain = GraphCypherQAChain.from_llm(graph=graph,
4                                            llm=chat_model,
5                                            top_k=4,
6                                            verbose=True)
7 response = cypher_chain.invoke({
8     "query": "王淨的電影有 ?"})
9 print(response['result'])
```

使用 from_llm 方法來建立物件，必須代入圖形資料庫和語言模型，參數 verbose 設定為 True 可以觀察過程。以下為執行結果：

```
> Entering new GraphCypherQAChain chain...
Generated Cypher:
MATCH (p:Person {name: "王淨"})-[:DIRECTED|ACTED_IN]->(m:Movie)
RETURN m.title
Full Context:
[{'m.title': '關於我和鬼變成家人的那件事'}, {'m.title': '瀑布'}, {'m.
title': '返校'}, {'m.title': '周處除三害'}]

> Finished chain.
關於我和鬼變成家人的那件事，瀑布，返校，周處除三害．
```

可以看到模型根據問題生成的 Cypher 語句，使用 MATCH 語句找出 name 屬性為 '王淨' 的 Person 節點有 DIRECTRED 或是 ACTED_IN 關係的所有 Movie 節點，並將電影名稱返回。依據查詢到的資料得出王淨出演過的電影：《關於我和鬼變成家人的那件事》、《瀑布》、《返校》、《周處除三害》。

查詢時如果希望忽略特定節點，像是剛才的例子我們只想找出電影與演員的關係，就可以排除標籤為 Genre 的節點，只要在 GraphCypherQAChain 物件中將參數 exclude_types 代入要排除的節點標籤即可：

```
1 exclude_types_chain = GraphCypherQAChain.from_llm(
2     graph=graph,
3     llm=chat_model,
4     exclude_types=["Genre"],
5     verbose=True)
6 print(exclude_types_chain.graph_schema)
```

執行結果：

```
Node properties are the following:
Movie {id: STRING, released: DATE, title: STRING, imdbRating:
FLOAT},Person {name: STRING}
Relationship properties are the following:

The relationships are the following:
(:Person)-[:DIRECTED]->(:Movie),(:Person)-[:ACTED_IN]->(:Movie)
```

你可以看到顯示的資料庫結構就不會有跟電影類型相關的資訊，這樣進行查詢時就不會被影響了。

8-2 與向量資料庫結合

前面我們讓模型自己生成 Cypher 語法進行查詢，除此之外，其實我們也可以再加上向量資料庫使用相似度查詢關聯資料。Neo4j 除了圖形資料庫外也支援向量儲存，在 LangChain 中提供有 Neo4jVector 類別可以使用，所以我們可以在同一個資料庫中添加向量資料，這樣一來我們既可以使用 Cypher 語法進行查詢，也可以利用向量相似度查詢關聯資料，下面就請先匯入相關類別並建立嵌入模型物件：

```
1 from langchain_community.vectorstores import Neo4jVector
2 from langchain_openai import OpenAIEmbeddings
3 embeddings = OpenAIEmbeddings(model='text-embedding-3-small',
4                              api_key=userdata.get('OPENAI_API_KEY'))
```

接著將旗標公司一樣使用 TMDB API 整理過的電影評論 CSV 格式文件下載下來, 這是前面匯入的電影文件中部份電影的相關評論:

```
1 !curl 'https://FlagTech.github.io/F4763/movie_reviews.csv' -o 'movie.csv'
```

將文件重新命名為 movie .csv 檔案, 並且在左邊檔案窗格重新整理後文件就會出現:

由於電影的中文評論過於稀少, 所以採用中英混和的方式儲存評論, 此檔案包含 MovieID 、電影標題和評論, 部分內容如下所示:

	A	B	C	D	E	F
1	MovieID	Title	Review			
2	1	消失的情人節	Neil Simon died and was re-incarnated as Chen Yu-Hsun! (J/K, Yu-Hsun is too old for that.) This is a			
3	4	陽光普照	A long, somewhat complicated, psychological drama of a family in the lower middle class of Taiwan			
4	6	瀑布	A rather creative, and highly spiritual twist on coming of age films. The 18-year old protagonist has li			
	7	一路順風	This documentary begins with archive footage, including Ronald Reagan saying "there is nothing intelligent, there is nothing adult or sophisticated about taking LSD"; the next 85 minutes are devoted to proving him right.

I doubt that was the filmmakers' intention, nor do I believe they intended to make the most effective anti-drug propaganda film I've ever seen − yet here we are. A list of the people interviewed in the movie includes Matt Besser, Lewis Black, Anthony Bourdain, Deepak Chopra, Rob Corddry, David Cross, Carrie Fisher, Will Forte, Adam Horovitz, David Koechner, Nick Kroll, Thomas Lennon, Natasha Lyonne, Nick Offerman, Haley Joel Osment, Rosie Perez, Andy Richter, ASAP Rocky, Paul Scheer, Adam Scott, Sarah Silverman, Ben Stiller, and Sting.

Now, with the exceptions of Bourdain and Fisher, who are dead, and Stiller and Sting, who are cool in spite of themselves, is this really the sort of company you'd like to be in? Consider this: Offerman says at the beginning that "drugs can be dangerous but they can also be fun." He then asks "Why would a person do something dangerous and funny?", and hopes the film will answer that question. | | | |

接著將電影評論文件用 CSV 載入器將文件內容載入下來：

```
1 from langchain_community.document_loaders import CSVLoader
2 loader = CSVLoader('/content/movie.csv')
3 docs = loader.load()
```

Neo4jVector 向量資料庫類別一樣可以使用 from_documents 方法來建立物件，建立時需要代入載入文件產生的 Document 物件串列和嵌入模型，以及 Neo4j 資料庫的 url、名稱和密碼：

```
1 db = Neo4jVector.from_documents(
2     docs,
3     embedding=embeddings,
4     url=userdata.get('NEO4J_URI'),
5     username='neo4j',
6     password=userdata.get('NEO4J_PASSWORD'),
7 )
```

嵌入後會出現在資料庫中成為標籤為 Chunk 的節點，如下圖：

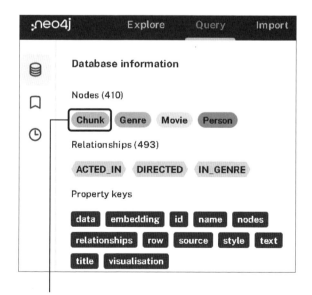

點擊 Chunk

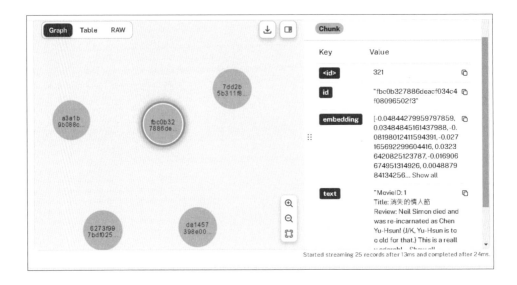

可以看到消失的情人節的向量節點，其他包含原始電影評論資訊。

接著如同第 7 章，我們可以使用查詢方法找出關聯資料，請執行下一個儲存格並觀察結果：

```
1 query = "芭比好看嗎？"
2 docs_with_score = db.similarity_search_with_score(query, k=2)
3 for doc, score in docs_with_score:
4     print("-" * 60)
5     print("Score: ", score)
6     print(doc.page_content)
7     print("-" * 60)
```

執行結果：

```
------------------------------------------------------------
Score:  0.6832845211029053
MovieID: 47
Title: Barbie 芭比
Review: FULL SPOILER-FREE REVIEW @
（省略）
the roles of women and men in today's society.
```

```
Margot Robbie was destined to play Barbie just as Ryan Gosling was born
with Kenergy in his veins. Absolutely fantastic, as are the rest of the
Barbies and Kens.

A must-see in a packed theater!"

Rating: A-
---------------------------------------------------------------------
---------------------------------------------------------------------
Score:  0.6824443340301514
MovieID: 47
Title: Barbie芭比
Review: _Barbie_ reels you in with its silly humor and fantastical
ideas. The war（省略）
the gender roles reversed and nude blobs instead of genitalia.

**Full review:** https://bit.ly/beachoff
---------------------------------------------------------------------
```

可以從結果看到相似分數和電影評論內容。

接著設定檢索器, 使用 'similarity' 查詢函式以及傳回 3筆關聯資料:

```
1 retriever = db.as_retriever(search_type="similarity",
2                             search_kwargs={"k": 3})
```

然後就可以開始建立檢索流程鏈, 請先匯入相關資源:

```
1 from langchain_core.output_parsers import StrOutputParser
2 from langchain_core.prompts import ChatPromptTemplate
3 from langchain_core.runnables import RunnablePassthrough
```

接著建立字串輸出內容解析器和提示模板:

```
1 str_parser = StrOutputParser()
2 template = (
3     "請根據以下內容加上自身判斷回答問題:\n"
4     "{context}\n"
5     "問題: {question}"
6     )
7 prompt = ChatPromptTemplate.from_template(template)
```

如第 7 章建立檢索流程鏈：

```
1 vector_chain = (
2     {"context": retriever, "question": RunnablePassthrough()}
3     | prompt
4     | chat_model
5     | str_parser
6 )
```

建立好流程鏈後我們再讓它回答一次剛才的問題：

```
1 print(vector_chain.invoke(query))
```

執行結果：

根據提供的兩則評論來看，對於電影《Barbie芭比》的評價是非常正面的。兩則評論都提到了該電影包含了幽默的元素和深刻的社會評論，並且提到了演員的表現以及製作設計的優秀之處。因此，從這些評論來看，芭比這部電影是值得一看的。

可以看到模型不只幫我們彙整了評論，也貼心地幫我們轉換成中文。

合併兩個資料庫

現在我們有兩個 Neo4j 資料庫的流程鏈，一個使用圖形資料庫，另一個使用向量資料庫，為了更方便使用，我們可以建立成工具，讓代理幫我們選用適當的流程鏈來回答問題。請先執行下一個儲存格建立相關工具：

```
1 from langchain.pydantic_v1 import BaseModel, Field
2 from langchain.tools import StructuredTool
3
4 class ReviewsInput(BaseModel):
5     input: str = Field(description="為使用者提出的問題")
6
7 reviews = StructuredTool.from_function(
8     func=vector_chain.invoke,
9     name="Reviews",
```

```
10      description="這是一個關於電影的觀後感受或想法的向量資料庫, "
11                       "當問題是需要參考評論時很有用。",
12      args_schema=ReviewsInput
13 )
14
15 class GraphInput(BaseModel):
16     input: str = Field(description="為使用者提出的完整問題, "
17                                     "請保持中文語言")
18
19 graph = StructuredTool.from_function(
20     func=cypher_chain .invoke,
21     name="Graph",
22     description="這一個電影關係的圖形資料庫, 包含演員、導演和電影風格",
23     args_schema=GraphInput
24 )
25
26 tools = [reviews, graph]
```

如之前章節使用 StructuredTool 和 BaseModel 類別來建立工具。

接著建立 create_openai_tools_agent 方法需要的提示模板:

```
1 from langchain_core.prompts import MessagesPlaceholder
2 agent_prompt = ChatPromptTemplate.from_messages([
3     ('system','你是一位善用工具的好助理, '
4                '請判斷上下文來回答問題, 不要盲目地使用工具'),
5     ('human','{input}'),
6     MessagesPlaceholder(variable_name="agent_scratchpad")
7 ])
```

然後就可以建立代理和代理執行器:

```
1 from langchain.agents import (
2     AgentExecutor, create_openai_tools_agent)
3
4 agent = create_openai_tools_agent(chat_model, tools, agent_prompt)
5 agent_executor = AgentExecutor(agent=agent,
6                                     tools=tools,
7                                     verbose=True)
```

都完成之後就能進行對話：

```
1  while True:
2      msg = input("我說：")
3      if not msg.strip():
4          break
5      for chunk in agent_executor.stream({"input": msg}):
6          if 'output' in chunk:
7              print(f"AI 回覆：{chunk['output']}", end="", flush=True)
8      print('\n')
```

執行結果：

我說：**林柏宏出演過的電影有？**

> Entering new AgentExecutor chain...

Invoking: `Graph` with `{'input': '林柏宏出演的電影有哪些?'}`

> Entering new GraphCypherQAChain chain...
Generated Cypher:
MATCH (p:Person {name: '林柏宏'})-[:ACTED_IN]->(m:Movie)
RETURN m.title;
Full Context:
[{'m.title': '關於我和鬼變成家人的那件事'}, {'m.title': '六弄咖啡館'},
{'m.title': '杏林醫院'}]

> Finished chain.
{'query': '林柏宏出演的電影有哪些?', 'result': '關於我和鬼變成家人的那件
事，六弄咖啡館，杏林醫院'}林柏宏出演過的電影包括《關於我和鬼變成家人的那件
事》、《六弄咖啡館》和《杏林醫院》。

> Finished chain.
AI 回覆：林柏宏出演過的電影包括《關於我和鬼變成家人的那件事》、《六弄咖啡館》和《杏
林醫院》。

我說：**一個巨星的誕生好看嗎**

> Entering new AgentExecutor chain...

Invoking: `Reviews` with `{'input': '一個巨星的誕生'}`

根據以上三則評論，對於電影"一個巨星的誕生"的評價是分歧的。第一則評論認為電影很有趣，看了預告片後就想看。第二則評論則強調了 Lady Gaga 和 Bradley Cooper 的表現以及劇本的質量。第三則評論則對 Bradley Cooper 的表演提出了批評，尤其是對他的角色表現不滿意。

綜合以上三則評論，對於這部電影的觀眾意見可能會有所分歧。有些人可能會喜歡 Lady Gaga 和 Bradley Cooper 的表演以及劇情，而有些人則可能對劇情和角色的表現有所保留。最好的方式是自己觀看這部電影，並據此做出自己的判斷。根據觀眾的評論，對於電影"一個巨星的誕生"的評價是分歧的，有人喜歡劇情和演員的表現，但也有人對角色表現提出批評。最好的方式是自己觀看這部電影，並據此做出自己的判斷。

> Finished chain.
AI 回覆：根據觀眾的評論，對於電影"一個巨星的誕生"的評價是分歧的，有人喜歡劇情和演員的表現，但也有人對角色表現提出批評。最好的方式是自己觀看這部電影，並據此做出自己的判斷。

我說：

　　這樣你就能用一份具有高度連結的資料，透過儲存在圖形資料庫來進行 RAG 問答。

　　本章不只介紹圖形資料庫與 RAG 的使用方式，也合併向量資料庫讓模型能夠參考不同的資料，學了兩章不同的 RAG 應用方式，你也能自己作出專屬的問答機器人！

加油！

CHAPTER **9**

實戰演練

　　前面章節學過了 RAG 的基礎用法後，本章將會帶大家使用 LangChain 內建提供的載入器來對不同類型的檔案進行 RAG 實作，建立 YouTube 影片問答機器人，以及辦公室檔案問答機器人。

9-1 YouTube 影片懶人包問答機器人

如果想知道一部電影好不好看, 我們可能會去 YouTube 上尋找一些專門做電影解析的 YouTuber, 查看並參考他們對於這部電影的評論, 如果影片開頭或標題沒有直接表達『好看』、『必須看』等讚美用詞, 就必須點入影片觀看解析, 但整個觀看過程下來可能最後幾分鐘才會說出感想, 甚至中間可能還穿插業配環節, 我們可以嘗試將影片轉成文字並使用 RAG 的方式, 透過問答取得想要的結果。

接下來就讓我們用程式說明, 請依照慣例前往以下網址選擇本章 Colab 筆記本並儲存副本:

```
https://www.flag.com.tw/bk/t/F4763
```

首先請執行下一個儲存格安裝相關套件:

```
1 !pip install langchain langchain_openai rich
```

接著匯入相關套件和建立環境變數 'OPENAI_API_KEY', 請執行下一個儲存格建立模型物件:

```
1 # 匯入套件和金鑰
2 from google.colab import userdata
3 from rich import print as pprint
4 import os
5 os.environ['OPENAI_API_KEY'] = userdata.get('OPENAI_API_KEY')
```

記得一樣要開啟本章範例檔讀取 secrets 中 OpenAI 金鑰的存取權。

執行流程

我們將會使用 LangChain 內建提供的 YouTubeSearchTool 工具來查詢影片網址, 並透過 pytube 套件將影片下載下來, 因為使用 RAG 需要讓影片從音檔轉成文字, 才能檢索關聯資料, 讓模型了解影片內容來回答問題, 明白流程後就開始實作:

請執行下一個儲存格安裝相關套件:

```
1 !pip install youtube_search pytube
```

youtube_search 套件可以依據關鍵字查詢 YouTube 影片並傳回影片網址; pytube 套件則可以將影片下載成音檔。

LangChain 將 youtube_search 套件包裝成 YouTubeSearchTool 工具, 簡單易用, 請執行下一個儲存格匯入類別:

```
1 from langchain_community.tools import YouTubeSearchTool
2 from pytube import YouTube
```

接著建立 YouTubeSearchTool 物件, 使用 invoke 來查詢影片:

```
1 tool = YouTubeSearchTool()
2 result = tool.invoke("沙丘 2 影評,1")
3 print(result)
4 print(type(result))
```

查詢時可以在字串中以逗號作分隔, 在後面加入想要傳回的影片網址個數, 這裡我們設為 1 表示只傳回一個網址。另外, 影片網址會以字串格式的串列傳回, 以下為執行結果:

```
"['https://www.youtube.com/watch?v=Rudadw0HSbs&pp=ygUN5rKZ5LiYMuW9seip
1Q%3D%3D']"
<class 'str'>
```

可以看到結果格式為字串。

我們會希望只取得裡面的網址, 但因為是字串格式, 所以必須先轉成串列, 這可以使用 eval 達成。除了轉成串列外, 還需要處裡網址的格式, 因為 pytube 只接受網址格式到參數 'v', 所以後面其他參數都必須移除, 請執行下一個儲存格處理網址:

```
1 urls = eval(result)
2 urls = [url.split('&')[0] for url in urls]
3 print(urls)
```

執行結果:

```
['https://www.youtube.com/watch?v=Rudadw0HSbs']
```

處理好網址格式後, 就可以建立下載影片音檔的函式:

```
1 def url_download(urls):
2     yt = YouTube(urls[0])
3     print(yt.title,yt.watch_url)
4     stream = yt.streams.filter(only_audio=True).first()
5     stream.download(filename='audio.mp3')
6 url_download(urls)
```

建立 pytube 模組的 YouTube 物件時, 可以從屬性 title 和 watch_url 取得影片標題和網址, 然後從 streams 屬性使用 filter 方法將 only_audio 設定為 True, 篩選出只有音檔的 streams, first 方法會篩選出第一個 streams。以下為執行結果:

```
【影評】沙丘:第二部 | 魔戒等級的史詩神作 | 超粒方 | Dune https://youtube.
com/watch?v=Rudadw0HSbs
```

結果會顯示出標題和網址, 而下載的音檔會出現在左邊的檔案窗格中:

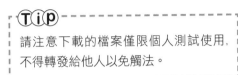
請注意下載的檔案僅限個人測試使用，
不得轉發給他人以免觸法。

我們將使用 OpenAI 的 Whisper 模型將音檔轉成文字，下面先匯入 OpenAI 類別並建立物件：

```
1 from openai import OpenAI
2 client = OpenAI()
```

接著建立一個音檔轉文字的函式，可以將檔案窗格中的音檔路徑傳入，並使用 whisper 模型將音檔轉成文字後以字串返回：

```
1 def audio_to_text(file_path):
2     audio_file = open(file_path, "rb")
3     transcript = client.audio.transcriptions.create(
4         model="whisper-1",
5         file=audio_file
6     )
7     return transcript.text
```

建立好後就可以呼叫函式，請執行下一個儲存格觀察結果：

```
1 text=audio_to_text('/content/audio.mp3')
2 print(text)
```

執行結果：

> - 誰能毀滅一件事,就擁有真正的控制權 面對《沙丘》第二部 我到底能說什麼還沒對第一部電影說過的話 除了這部電影在各個面向上都讓原作再一次昇華 除了 Denis Villeneuve 正式成為我心目中最愛的導演 Timothy Chalamet 也奠定他身為好萊塢下一代巨星的魅力 除了這是一部必須在最大的螢幕上體驗的電影
>
> (省略)
>
> 這種時候就是得靠像 Surfshark VPN 這樣虛擬私人網路工具 透過隱藏你的網路 IP 區域 阻止駭客入侵或者取得你的個人資料跟密碼 而在眾多 VPN 選擇中 Surfshark VPN 連線速度極快 完全不限制你同步連接到任何裝置 還比市面上類似強度的選擇優惠 針對網路保密 Surfshark VPN 能確保你的個資不外洩 針對裝置安全 Surfshark Antivirus 能防止你受到病毒侵害 針對網路
>
> (省略)
>
> 這些都不見得是建立在實質的過人能力或高尚性格 一件事值不值得相信 純粹就只仰賴一個群體願不願意相信 需不需要相信而已 不多也不少 我甚至敢說沙丘上下幾世紀魔界以來 唯一一部真正讓人感到如此龐大格局的劇組 以史詩級的格局傳達發人省思的主旨 在這年頭不僅難能可貴 更是比任何時候都更加重要 無論你今天喜不喜歡科幻 無論你有沒有看過原著小說 只要你認為去電影院看電影還是個無可取代的體驗 那麼你就應該去找個最大的螢幕 讓自己完全感受這無邊無際 氣勢凌人 無法想像的沙丘第二部 現在就點畫面上的連結看我對於沙丘電影的深度兩萬字解析 或者如果你喜歡科幻奇幻小說的話可以去看一下我最近做的中國和諧最指標科幻小說講爭議 我是超粒方我們下部影片見

從結果中我們可以看出這位 Youtuber 製作的影片內容, 和他對於電影的感想與解析, 以及中間業配的內容。

使用 RAG 處理資料

有了影片內容文字後就可以使用 RAG 技術進行處理, 根據個人需求對文字作分割, 確保每個分割段落在進行關聯查詢時能夠找到正確的資料, 請執行下一個儲存格匯入分割器類別:

```
1 from langchain_text_splitters import RecursiveCharacterTextSplitter
```

接著建立分割器物件, 由於前面轉換的影片內容文字並沒有標點符號, 而是以空格分開各個句子和段落, 所以將空格設為分割字串, 下面會以 300 個字元組成一個 chunk, 並重複前一個 chunk 最後 20 個字元, 請執行下一個儲存格觀察結果:

```
1 text_splitter = RecursiveCharacterTextSplitter(separators=[' '],
2                                                 chunk_size=300,
3                                                 chunk_overlap=20)
4 splits = text_splitter.split_text(text)
5 pprint(splits)
```

執行結果：

```
[
    '-誰能毀滅一件事，就擁有真正的控制權 面對《沙丘》第二部 我到底能說什麼還
沒對第一部電影說過的話 除了這部電影在各個面向上都讓原作再一次昇華 除了Denis
Villeneuve正式成為我心目中最愛的導演 Timothy Chalamet也奠定他身為好萊塢下
一代巨星的魅力 除了這是一部必須在最大的螢幕上體驗的電影 一部真正史詩級的浩瀚
旅程 它的格局之宏偉、野心之壯麗 簡直不像是一部當代應該出現的電影 在這充斥著不
三不四的續集翻拍改編的時代《沙丘》第二部就像是那受污染夜空中唯一可見的恆星 閃
閃發亮 大家好，我是超粒方 感謝點進這部影片的你 如果你初來乍到 只點新訂閱就可以
加入這個邪教 ',
    '只點新訂閱就可以加入這個邪教 我們會製作各種影視解析 快來一起跟上 好啦，
剛剛可能有些浮誇了 但是這部電影實在是一個絕無僅有的體驗 雖然因為演員罷工而多
苦等了半年 但這一切都值得 當然，儘管導演說你不用看過第一集就能看這部電影 好，
那肯定是在訪談的時候用狙擊手指著他 但還是誠心各位要先看過第一集 或是補我兩年
前的好幾支影片 才能真正體會這部電影的設定以及背後意義 電影開始於伊瑞蘭公主的
旁白 闡述著阿拉克斯沙漠之心上的衝突 雖然阿特雷迪斯家族已經全滅 但當地的弗雷曼
人開始作亂反而更影響香料生產 在那之後，故事直接緊接著上集最後 炮和他的母親與弗
雷曼人一行人抬著札瑪斯屍體 我們從第一場動作戲 ',
    '我們從第一場動作戲 馬上意會到導演多麼精心試圖打造一個讓人徹底沉浸其中的
體驗 只
(省略)
都直言成親還是繼續被誤會的主旨 領導者魅力的危險 ',
    '領導者魅力的危險 這並不是獅子王 儘管Paul有勝過常人能力與毅力 他並不是這
個故事的英雄 他的傳奇以及他爭奪到的權利地位 都是奠基於女修會數千年以來散播的
虛假信仰 救世主以及信徒 領袖以及追隨者 統帥和小卒 這些都不見得是建立在實質的
過人能力或高尚性格 一件事值不值得相信 純粹就只仰賴一個群體願不願意相信 需不需
要相信而已 不多也不少 我甚至敢說沙丘上下幾世紀魔界以來 唯一一部真正讓人感到如
此龐大格局的劇組 以史詩級的格局傳達發人省思的主旨在這年頭不僅難能可貴 更是比
任何時候都更加重要 無論你今天喜不喜歡科幻 無論你有沒有看過原著小說 只要你認為
去電影院看電影還是個無可取代的體驗 ',
    '那麼你就應該去找個最大的螢幕 讓自己完全感受這無邊無際 氣勢凌人 無法想像
的沙丘第二部 現在就點畫面上的連結看我對於沙丘電影的深度兩萬字解析 或者如果你
喜歡科幻奇幻小說的話 可以去看一下我最近做的中國和諧最指標科幻小說講爭議 我是
超粒方我們下部影片見'
]
```

分割好影片內容文字後, 就可以繼續轉成向量並儲存在向量資料庫, 這次我們使用的向量資料庫是 Meta 的開源向量資料庫 Faiss, LangChain 一樣提供有包裝好的類別可以使用, 請執行下一個儲存格安裝套件:

```
1 !pip install faiss-gpu
```

> **Tip**
> 嚴格來說, Faiss 只是向量搜尋的程式庫, 但因為提供有將向量儲存到本地端檔案以及從本地端檔案載入向量的功能, 所以我們還是稱其為向量資料庫。

> **Tip**
> 如果在本機安裝時因為沒有獨顯不能安裝, 請改安裝不需顯卡的 faiss-cpu。

如同第 7 章連接雲端硬碟, 將向量資料庫檔案儲放在雲端:

```
1 from google.colab import drive
2 drive.mount('/content/drive')
```

然後匯入相關資源:

```
1 from langchain_community.vectorstores import FAISS
2 from langchain_openai import OpenAIEmbeddings
```

接著建立嵌入模型物件與向量資料庫物件:

```
1 embeddings = OpenAIEmbeddings()
2 db = FAISS.from_texts(splits, embeddings)
3 db.save_local("/content/drive/MyDrive/youtube_db")
```

使用 FAISS 類別的 from_texts 方法將分割後個別段落轉成向量儲存到資料庫中, 然後使用 save_local 方法指定路徑將向量資料以 Python pickle 檔案儲存到雲端硬碟。

接著一樣重新建立一個新的 FAISS 物件, 傳入剛才指定的路徑與嵌入模型物件, 然後對物件進行關聯查詢, 請執行下一個儲存格觀察結果:

```
1 new_db = FAISS.load_local(
2     folder_path="/content/drive/MyDrive/youtube_db",
3     embeddings=embeddings,
4     allow_dangerous_deserialization=True)
5
6 docs = new_db.similarity_search('對這部電影的感受')
7 pprint(docs[0])
```

使用 load_local 方法建立新的 FAISS 物件, 其中參數 allow_dangerous_deserialization 是為了避免資料庫檔案被人為惡意更改, 由於 FAISS 儲存的是 pickle 檔, 若是被修改嵌入惡意的程式碼, 就可能在解析 pickle 檔時產生惡意結果。這個參數必須設定為 True, 才能允許載入資料檔案。接著使用 similarity_search 查詢方法進行查詢, 預設傳回 4 筆關聯資料, 以下只顯示第 1 筆資料, 執行結果如下:

```
Document(
    page_content='也許會讓一些人開始進入一種 呃好沉狀態 連我這個腦粉有時候都不禁覺得炫技過頭 有種這些確實是很屌沒有錯 但是我們可以回到角色和故事上的感覺 這次打從一開始 電影就塞滿故事進展以及新角色 而這次炮雖然當然還是主角 電影也花了大量篇幅在刻畫其他角色的陰謀 需得整個宇宙更充實一些 像是皇帝對於這一切的無動於衷之下暗藏恐懼的反應 以及班尼哲瑟女修會在他們天選之人計畫失敗之後 趕忙著尋找下一個可以控制的人選 再加上這一集 這是小說最後三分之一絕地大反攻的時刻了 突襲以及戰爭場面自然不會少 更重要的是原著小說有時候只一句帶過的多數動作場面 電影卻把它拍好拍滿 說到底是一部完全盡責的商業大片'
)
```

你也可以使用第 7 章所學的其他查詢方法觀察查詢結果。

接著建立流程鏈讓模型參考關聯資料來幫助我們回答問題, 請執行下一個儲存格匯入相關資源:

```
1 from langchain_core.output_parsers import StrOutputParser
2 from langchain_core.prompts import ChatPromptTemplate
3 from langchain_core.runnables import RunnablePassthrough
4 from langchain_openai import ChatOpenAI
```

如同第 7 章建立個別物件, 包含語言模型、字串輸出內容解析器以及提示模板還有檢索器 :

```
1 chat_model = ChatOpenAI()
2 str_parser = StrOutputParser()
3 template = (
4     "請根據以下內容加上自身判斷回答問題 :\n"
5     "{context}\n"
6     "問題 : {question}"
7     )
8 prompt = ChatPromptTemplate.from_template(template)
9 retriever=new_db.as_retriever()
```

都建立完成後就可以串接成檢索流程鏈 :

```
1 chain = (
2     {"context": retriever, "question": RunnablePassthrough()}
3     | prompt
4     | chat_model
5     | str_parser
6 )
```

建立完成就可以開始進行問答 :

```
1 query = "影評對這部電影的感受為何 ? 請詳細說明 "
2 print(chain.invoke(query))
```

執行結果 :

根據以上提供的內容, 影評對這部電影《沙丘》給予了較為正面的評價。影評指出, 電影在視覺呈現上具有獨特的魅力, 能夠讓觀眾身歷其境地感受到未來世界的悠遠歷史感和文化色彩。影評也提到了電影中充滿故事情節和新角色, 展現了故事的進展和角色之間的關係。此外, 影評稱讚了電影中精彩的動作場面和特效呈現, 尤其是沙蟲騎行的戲碼以及IMAX場面的震撼。影評也指出, 電影在為原著小說的情節進行改編時, 有些角色的性格和關係得到了強化和調整, 使得故事更加豐富和引人入勝。

總的來說, 影評對《沙丘》這部電影的整體感受是正面的, 認為這是一部具有商業價值和視覺震撼力的作品, 值得觀眾一睹為快。

從結果可以看到模型參考關聯資料後的回覆，可以看到這位 YouTube 影評對於這部電影是正面評價。

另外，雖然觀看影片時許多人會略過業配內容，但如果你想知道，模型一樣能夠整理關聯資料回答出這支影片的業配產品，請執行下一個儲存格：

```
1 query = "影片的業配產品是？"
2 print(chain.invoke(query))
```

執行結果：

```
Surfshark VPN
```

透過這樣的功能我們就不必完整觀看影片，也能夠得知影片的相關內容，甚至對於無字幕的影片感受會更好。

建立能持續對話的程式

前面我們成功完成了 YouTube 懶人包問答機器人的所有建構流程，這邊會將所有步驟整合成能夠持續對話的文字聊天程式，請接續執行下一個儲存格建立透過關鍵字查詢 YouTube 網址的函式：

```
1 def search_url(query):
2     result = tool.invoke(query + ",1")
3     urls = eval(result)
4     urls = [url.split('&')[0] for url in urls]
5     return urls
```

接著建立 RAG 處理資料的函式，也包含建立流程鏈：

```
1 def rag(text):
2     splits = text_splitter.split_text(text)
3     db = FAISS.from_texts(splits, embeddings)
4     db.save_local("/content/drive/MyDrive/youtube_db")
```

```
5    new_db = FAISS.load_local(
6        folder_path="/content/drive/MyDrive/youtube_db",
7        embeddings=embeddings,
8        allow_dangerous_deserialization=True)
9    retriever=new_db.as_retriever()
10   chain = (
11       {"context": retriever, "question": RunnablePassthrough()}
12       | prompt
13       | chat_model
14       | str_parser
15   )
16   return chain
```

都完成後就可以使用迴圈持續進行對話：

```
1 while True:
2     msg = input("您要查詢的影片關鍵字是？：")
3     if not msg.strip():
4         break
5     urls = search_url(msg)
6     url_download(urls)
7     text=audio_to_text('/content/audio.mp3')
8     chain = rag(text)
9     while True:
10        msg = input("我說：")
11        if not msg.strip():
12            break
13        response = chain.invoke(msg)
14        print(response)
```

外層迴圈讓使用者查詢影片，如果不想查詢可以按 [Enter] 退出迴圈，內層迴圈進行問答，如果不想問答可以按 [Enter] 退出迴圈。執行結果如下：

您要查詢的影片關鍵字是？：老高 人格分裂
目前第二長的一期，多重人格分裂 | 老高與小茉 Mr & Mrs Gao https://youtube.com/watch?v=QAGDGja7kbs
我說：什麼是人格分裂？
根據以上內容和个人判断，人格分裂是一种心理疾病，是因为在小时候受到打击导致完整的人格被击碎，每个碎片单独成为一个人格。人格分裂的特点包括过于在意别人的看法、过度依赖他人、无法控制情感、容易过于自责等。人格分裂的关键判断点是记忆的连续性，如果出现记忆不连续的情况，可能是人格分裂的表现。

我說：多重人格分裂呢？

根據文中提到的內容，多重人格分裂是因為在小時候受到了打擊後，原本完整的人格被分裂為多個碎片，每個碎片成為一個獨立的人格。這些人格之間會有快速切換，每個人格都有自己獨特的特點，且非常穩定，不會出現重疊。治療多重人格分裂的方法是找到所有人格的共通點，例如讓患者畫畫，以幫助所有人格走向統一，變得穩定。

根據文中提到的特徵，多重人格分裂的人可能具有以下特徵：

1. 過度在意他人的看法，自己的意見不重要。
2. 過度依賴他人，缺乏獨立決定能力。
3. 情緒無法控制，時而哭泣時而笑容。
4. 過度自責，對任何事情都覺得是自己的錯。

在判斷一個人是否患有多重人格分裂時，記憶的連貫性也是一個重要的判斷點。如果一個人的不同人格之間記憶斷裂或不連貫，可能是多重人格分裂的表現。

總的來說，多重人格分裂是一種精神疾病，患者可能具有多個穩定而獨立的人格，且這些人格之間有明顯的差異。治療方法通常包括心理治療和找到所有人格的共通點以達到統一。

我說：

您要查詢的影片關鍵字是？：

　　我們也把以上的流程製作成一個完整的網頁版程式，可以參考旗標科技在 Replit 上開發的專案。Replit 是一個線上開發環境，它提供了一個只要瀏覽器就可以開發程式的環境, 對於伺服器類型的專案, 還直接提供公開的網址。另外, Replit 上的專案等同於一個虛擬環境，可以直接分享或複製給他人使用, 不用擔心環境建置問題。

　　我們使用 Taipy 介面套件來建立網頁程式，Taipy 是一個可以呈現機器學習數據、統計數據分析等介面的框架, 它提供有聊天對話窗格的介面元件，我們建立的網頁程式會以這個對話窗格為核心，下面就請前往專案網址頁面：

1. 輸入網址 https://replit.com/@flagtech/Youtubechatbot 開啟專案

❶ 點擊 Log in

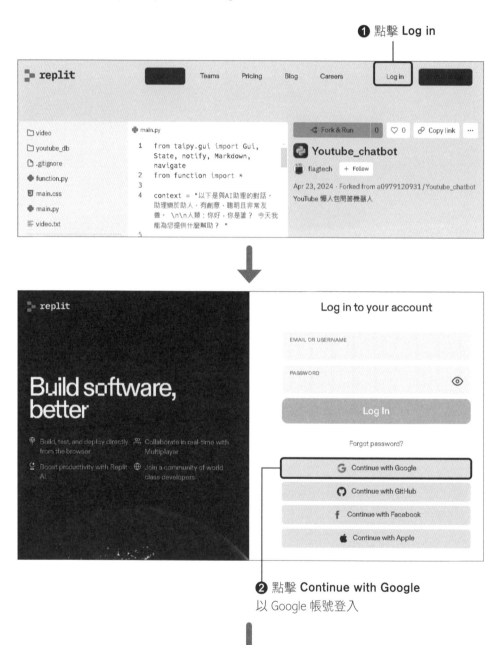

❷ 點擊 Continue with Google
以 Google 帳號登入

❹ Fork Repl複製專案　　❸ 點擊 **Fork & Run**

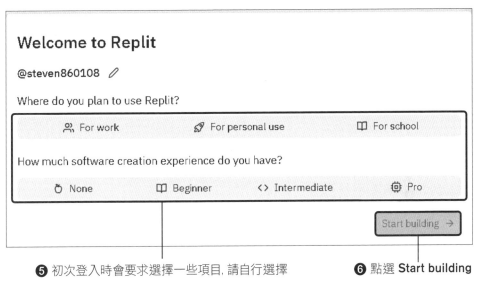

❺ 初次登入時會要求選擇一些項目, 請自行選擇　　❻ 點選 **Start building**

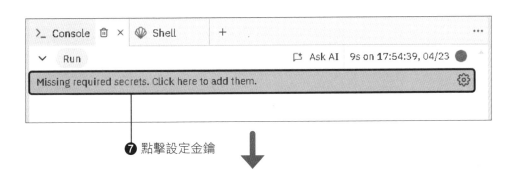

❼ 點擊設定金鑰

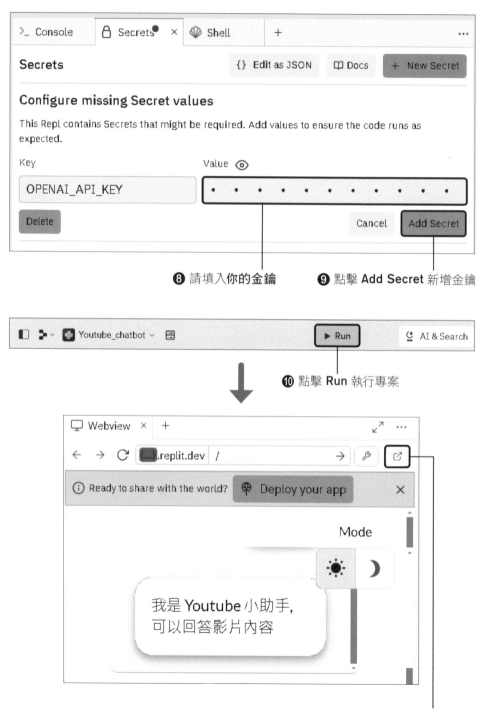

❽ 請填入你的金鑰　　　❾ 點擊 Add Secret 新增金鑰

❿ 點擊 Run 執行專案

我是 Youtube 小助手,
可以回答影片內容

⓫ 點擊 New tab 開啟新分頁

2. 你可以看到以下畫面, 請繼續跟著步驟執行程式:

① 輸入影片關鍵字或是影片網址, 輸入完成請按 [Enter]
如果直接輸入網址, 請跳至步驟 **④**

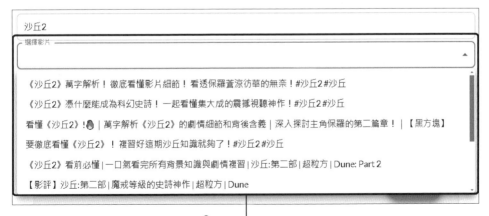

② 選擇影片

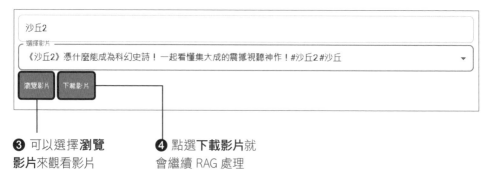

❸ 可以選擇**瀏覽
影片**來觀看影片

❹ 點選**下載影片**就
會繼續 RAG 處理

❺ RAG 處理完成後就可以開始問答

　　以上就是 YouTube 懶人包問答機器人, 接下來會介紹辦公室常用的 Office
檔案怎麼跟 RAG 結合。

9-2　辦公室常見檔案問答機器人

RAG 的應用範圍也可以在辦公室中,對於常見的檔案像是 Word、Excel 和 PowerPoint, 一樣可以利用 RAG 幫助我們更快速完成工作或是解決問題, 例如:尋找會議記錄中討論的重要項目或是找出計劃書中的聯絡廠商。下面我們將會利用四種不同類型的檔案實際演練一次, 請先匯入相關檔案:

```
1 !curl https://flagtech.github.io/F4763/example_excel.xlsx -o example_
excel.xlsx
2 !curl https://flagtech.github.io/F4763/example_ppt.pptx -o example_
ppt.pptx
3 !curl https://flagtech.github.io/F4763/example_word.docx -o example_
word.docx
```

這節主要使用 LangChain 內建提供包裝 unstructured 套件的 Unstructured FileLoader 載入器, 它可以載入 Word、Excel、CSV和 PowerPoint 檔案, 請執行下一個儲存格安裝相關套件:

```
1 !pip install unstructured python-docx python-pptx
```

unstructured 套件可以支援多種文件格式, 像是 pdf、csv、txt 等文件格式, 而 Word 和 PowerPoint 檔案還需要額外安裝 python-docx 和 python-pptx 套件。

安裝完成後就可以匯入 UnstructuredFileLoader 類別:

```
1 from langchain_community.document_loaders import (
2     UnstructuredFileLoader)
```

接著建立一個載入器函式, 傳入檔案路徑就可以完成資料載入, 並返回 Document 串列:

```
1 def office_file(file_path):
2     loader = UnstructuredFileLoader(file_path)
3     docs = loader.load()
4     return docs
```

PowerPoint

　　首先我們使用剛才下載好的 PowerPoint 檔案, 這份檔案是國家發展委員會的業務報告, 提出台灣對於後疫情時代的展望預測, 以下為它的部分內容:

Tip

原始檔案網址: https://ws.ndc.gov.tw/001/administrator/10/relfile/0/14273/99a7c5d6-2e8a-433c-92dc-5bb7e94b6ad8.pptx

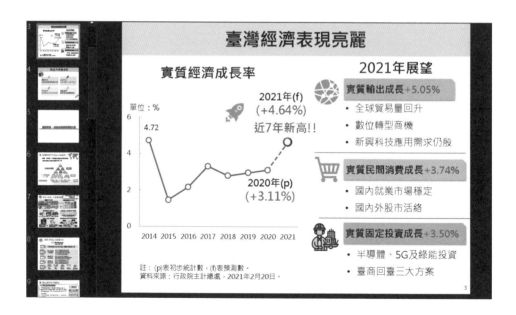

　　我們將它的檔案路徑代入剛才建立的載入器函式中, 請執行下一個儲存格觀察結果:

```
1 ppt_docs = office_file('/content/example_ppt.pptx')
2 pprint(ppt_docs)
```

執行結果：

```
[
    Document(
        page_content='立法院第 10 屆第 3 會期經濟委員會 \n\n國家發展委員會 \
            x0b 業務報告 \n\n國家發展委員會 \n\n主任委員 龔明鑫 \
            n\n全球經濟恢復成長 \n\n國際機構全球經濟成長率預測 \n\n
            單位：%\n\n2021 年 1 月預測 \n\n2021 年 2 月預測 \n\n2021
            年 3 月預測 \n\n經濟風險仍高：疫情尚難緩和、美中衝突長期
            化、全球債務 \x0b 攀升金融風險升高、不均衡復甦 \n\n2021
            年展望 \n\n實質輸出成長+5.05%\n\n全球貿易量回升 \n\n
            數位轉型商機 \n\n新興科技應用需求仍殷 \n\n2021 年 (f)
            (省略)
            檔系統客服品質 \n\n導入區塊鏈強化公文交換安全 \n\n智能
            \n\n文檔 \n\n結    語 \n\n面對後疫情時代的國際新情勢，本
            會肩負擘劃國家發展的重責大任，自當以前瞻視野與創新思維，
            推動國家體質的持續進化，讓臺灣充分掌握疫後新契機，並力
            求經濟、社會及環境等兼籌並顧，確保經濟創新成長、    人民
            幸福有感。 ',
        metadata={'source': '/content/example_ppt.pptx'}
    )
]
```

從結果可以看出 ppt 格式檔案比較難看出整體內容，這時候就可以透過分割整理 Document 串列。

根據剛才的結果我們可以以 "\n\n" 來當作分割字串，以 150 字元組合成一個 chunk，並且不重複內容，因為結構中的文意本來就沒有連貫，請執行下一個儲存格觀察結果：

```
1 text_splitter = RecursiveCharacterTextSplitter(
2     separators=["\n\n"],
3     chunk_size=150,
4     chunk_overlap=0)
5 splits = text_splitter.split_documents(ppt_docs)
6 pprint(splits[:5])
```

執行結果：

立法院第 10 屆第 3 會期經濟委員會

國家發展委員會
業務報告

國家發展委員會

主任委員 龔明鑫

全球經濟恢復成長

國際機構全球經濟成長率預測

單位：%

2021 年 1 月預測

2021 年 2 月預測

2021 年 3 月預測

———————
（省略）
世界經濟論壇(WEF)107、108 連續兩年評比

亞洲•矽谷 1.0 重要成果

2-1

臺灣全球 4 大超級創新國之一

積極投資新創

物聯網成為兆元產業

加碼匡列

20 億→50 億

已通過 131 家企業，

投資 19.28 億、

帶動投資 50.48 億元

形塑國家新創品牌
———————

接著將分割好的段落, 透過函式轉成向量儲存到向量資料庫中, 並且建立檢索流程鏈來回答問題, 請執行下一個儲存格建立函式:

```
1 def rag(splits, name):
2     db = FAISS.from_documents(splits, embeddings)
3     db.save_local(folder_path="/content/drive/MyDrive/office_db",
4                   index_name=name)
5     new_db = FAISS.load_local(
6         folder_path="/content/drive/MyDrive/office_db",
7         index_name=name,
8         embeddings=embeddings,
9         allow_dangerous_deserialization=True)
10    retriever=new_db.as_retriever()
11    chain = (
12        {"context": retriever, "question": RunnablePassthrough()}
13        | prompt
14        | chat_model
15        | str_parser
16    )
17    return chain
```

save_local 方法增加一個參數 index_name 來命名向量空間, 這樣使用時就能夠依照檔案區分儲存向量, 不會查到別的檔案的內容。

下面我們將分割後的 Document 串列與向量空間名稱 'ppt' 代入到函式中取得檢索流程鏈:

```
1 ppt_chain = rag(splits, 'ppt')
```

接著對流程鏈進行提問:

```
1 print(ppt_chain.invoke("台灣的創新產業如何?"))
```

執行結果:

根據提供的文件內容，台灣的創新產業發展已經取得一定的成就，包括擴大投融資、形塑國家新創品牌、深化物聯網國際夥伴關係、打造國際級亞矽創新聚落等策略。台灣已被評為全球 4 大超級創新國之一，積極投資新創產業，物聯網成為兆元產業，並且已經通過多家企業投資，帶動了相當大的投資額。此外，台灣也在吸引國際大廠的創新研發資源，並與經濟部共同推動智慧城鄉服務。整體來說，台灣的創新產業正朝著成為亞洲數位創新的關鍵力量的目標積極進展。

透過彙整關聯資料就可以得到業務報告中的資訊啦！

Word

本節使用的 Word 檔案是 165 詐騙防治中心的預防詐騙手冊, 假如我們遇到詐騙時就可以使用 RAG 從這份檔案中找出相對應的應變方式, 以下為部分內容：

> # 常見詐騙手法話術解析與預防策略
>
> 第一章□假網拍詐騙
>
> 一、手法及話術解析：
> 　　民眾透過臉書、LINE 或知名拍賣網站從事網路購物，詐騙集團便利用當前最新款的 3C 產品、限量球鞋、名牌包或熱門演唱會門票等，以明顯低於市價之價格誘引民眾下單並要求以 LINE 或 Messenger 私下交易。等被害人匯款後卻不出貨，且失去聯繫；或以貨到付款方式取貨開箱後，才發現是劣質商品。
>
> 二、預防策略：
> (一)網購商品應慎選優良有信用之網路商家，透過面交方式或選擇提供第三方支付之網購平臺，以保障雙方權益並減少消費糾紛。
> (二)避免透過 LINE、Messenger 等通訊軟體與賣家私下聯繫交易，以免求助無門。
> (三)應加強查核網路商家的真實性，如粉絲專頁成立時間短、粉絲或追蹤人數過少等，可立即至經濟部網站查詢公司名稱、地址等基本資料。
>
> 第二章□假投資*新增
>
> 一、手法及話術解析
> 　　詐騙集團透過網路社群或交友軟體主動認識被害人，並假借股票、虛擬通貨、期貨、外匯及基金等名義，吸引民眾加入 LINE 投資群組，初期會先

Tip
原始檔案網址：https://165.npa.gov.tw/#/article/6/1314

一樣代入到載入器函式中載入文件：

```
1 word_docs = office_file('/content/example_word.docx')
2 pprint(word_docs)
```

執行結果：

```
[
    Document(
        page_content=' 常見詐騙手法話術解析與預防策略 \n\n 第一章 \u3000 假網
                      拍詐騙 \n\n 手法及話術解析：\n\n 民眾透過臉書、LINE 或知
                      名拍賣網站從事網路購物，詐騙集團便利用當前最新款的 3C 產
                      品、限量球鞋、名牌包或熱門演唱會門票等，以明顯低於市價
                      之價格誘引民眾下單並要求以 LINE 或 Messenger 私下交易。
                      等被害人匯款後卻不出貨，且失去聯繫；或以貨到付款方式取
                      貨開箱
                      ( 省略 )
                      攝影比賽，麻煩幫忙投票WWW.XXXX.COM ？ \n\n 手機送修，麻
                      煩提供手機號碼，以便接收簡訊認證碼…\n\n 剛才出車禍急需
                      用錢，可以匯款給我嗎？ \n\n 現在不方便繳錢或匯款，可以
                      幫忙嗎？ \n\n 現在不方便買點數卡，可以幫忙買張點數卡嗎？
                      \n\n 預防策略 \n\n 當朋友傳送訊息要求協助匯款或代購遊戲
                      點數時，務必提高警覺，撥通電話再行確認。\n\n 多組帳號勿
                      使用同組密碼，避免因其中一組帳號遭破解而其他帳號都被盜
                      用，並應定期更改密碼。\n\n 避免在公用電腦登入私人帳號密
                      碼。\n\n 如果訊息中帶有不明連結，請先向發送訊息的朋友確
                      認。\n\n 勿下載來源不明或非官方認證應用程式，以免個資外
                      洩。',
        metadata={'source': '/content/example_word.docx'}
    )
]
```

可以看到這份 Word 檔案主要以章為分隔，並且每一章的內容不會太多，這樣我們就可以以 ' 章 ' 為分割字串，以 200 個字元組合一個 chunk，並重複前一個 chunk 的後 10 個字元，請執行下一個儲存格觀察結果：

```
1 text_splitter = RecursiveCharacterTextSplitter(
2     separators=["第 [ 一二三四五六七八九十 ]+章 "],
3     is_separator_regex=True,
4     chunk_size=200,
5     chunk_overlap=10)
```

```
6 splits = text_splitter.split_documents(word_docs)
7 for i in splits[:3]:
8     print(i.page_content)
9     print('_'*10)
```

　　除了以字串為分割依據，也可以使用規則表達式 (regular expression) 分割段落，將參數 is_separator_regex 設定為 True，就可以在參數 separators 加入規則表達式，這邊的表達式會利用中括號包含任意國字數字加到 ' 第 ' 和 ' 章 ' 之間組合使用，然後 '+' 算符可以讓國字數字多次出現，例如：當有十二章和二十章時，就可以重複出現。以下為執行結果：

常見詐騙手法話術解析與預防策略

第一章　假網拍詐騙

手法及話術解析：

民眾透過臉書、LINE 或知名拍賣網站從事網路購物，詐騙集團便利用當前最新款的 3C 產品、限量球鞋、名牌包或熱門演唱會門票等，以明顯低於市價之價格誘引民眾下單並要求以 LINE 或 Messenger 私下交易。等被害人匯款後卻不出貨，且失去聯繫；或以貨到付款方式取貨開箱後，才發現是劣質商品。

預防策略

網購商品應慎選優良有信用之網路商家，透過面交方式或選擇提供第三方支付之網購平臺，以保障雙方權益並減少消費糾紛。

避免透過 LINE、Messenger 等通訊軟體與賣家私下聯繫交易，以免求助無門。

應加強查核網路商家的真實性，如粉絲專頁成立時間短、粉絲或追蹤人數過少等，可立即至經濟部網站查詢公司名稱、地址等基本資料。

第二章　假投資 * 新增

手法及話術解析

詐騙集團透過網路社群或交友軟體主動認識被害人，並假借股票、虛擬通貨、期貨、外匯及基金等名義，吸引民眾加入 LINE 投資群組，初期會先讓民眾小額獲利，再以資金越多獲利越多說詞，引誘民眾加入投資網站或下載 APP 並投入大量資金，後續再以洗碼量不足、繳保證金、IP 異常等理由拒絕出金，民眾發現帳號遭凍結或網站關閉才發現遭詐。

預防策略

高獲利必定伴隨高風險，聽到「保證獲利」、「穩賺不賠」必定是詐騙，民眾應選擇自己有深入瞭解過的投資標的，不要輕信來源不明投資管道或網路連結，如遇到加「LINE」進行投資必為詐騙。

「165 防騙宣導」LINE 官方帳號及 165 全民防騙網可查詢詐騙 LINE ID、假投資 (博弈) 網站及詐騙電話，同時與「165 全民防騙」臉書粉絲專頁每週公布投資詐騙網站，提供民眾即時掌握最新詐騙訊息，或可至投信投顧公會網站 (www.sitca.org.tw) 查詢合法投資管道。

———————

這樣在查詢時就會以一整章的內容來回答。

接著將分割段落和向量空間名稱 'word' 傳入到 rag 函式中取得檢索流程鏈：

```
1 word_chain = rag(splits, 'word')
```

接著開始進行問答：

```
1 print(word_chain.invoke("如何防治詐騙電話?"))
```

執行結果：

根據文中提供的資訊，我們可以透過以下方式來防治詐騙電話：

1. 當接到以親友名義來電借錢時，務必以舊有電話向當事人親自確認，切勿貿然前往銀行匯款，以免遭詐騙。

2. 當提供的匯款帳戶名稱與親友本人名字不同時，詐騙的可能性將大幅提高，更應主動查證。

3. 可與親友約定專屬密語，做為懷疑對方身分時的確認。

4. 聽到「遭冒用身分」、「偵查不公開」、「接收法院偽造公文」、「監管帳戶」等關鍵字時，就應警惕可能是假冒機構 (公務員) 的詐騙。

5. 當接獲陌生來電告知涉入刑案或收到疑為政府機關公文書時，應小心求證，先詢問對方單位、職稱、姓名等，掛斷電話後再向該單位求證。

總結來說，要防治詐騙電話的最好方式是保持警覺，不要貿然相信陌生來電或訊息，並在有疑慮時主動求證對方身分的真實性。

如此一來遇到詐騙時就可以透過提問模型來應對啦！

Excel

這份 Excel 檔案是新北市兒童新樂園的園區資訊, 屬於以文字記錄相關項目的表格, 既然是文字就可以使用 RAG 來處理。假設兒童新樂園的遊樂設施都有一些限制, 例如：身高、體重或年齡, 這時候就可以透過 RAG 問答從這份檔案中找出可以遊玩的遊樂設施, 以下為部分內容：

	A	B	C
1	項次	項目	詳細說明
2	1	營運時間	1.週二至過五09:00~17:00。2.寒暑假期間及連續假期(收假日除外)延長營運至2
3	2	門票資訊	全票：30元、優待票：15元、團體票：30人以上按票價打7折;◎全票：一般民
4	3	K2小型遊樂設施介紹	鋼鐵碰碰車單次票價30元、身高未達90公分兒童或行動不便者請勿搭乘；每
5	4	1號遊樂設施介紹	海洋總動員單次票價20元、身高未達100公分兒童必須由成人陪同。◎針對身
6	5	2號遊樂設施介紹	水果摩天輪單次票價30元、身高未達120公分兒童必須由成人陪同, 身高超過
7	6	3號遊樂設施介紹	歐彼特拉星空號(銀河號)單次票價20元、身高未達100公分兒童必須由成人陪
8	7	4號遊樂設施介紹	飛天神奇號單次票價20元、身高未達90公分兒童請勿搭乘, 身高達90公分未
9	8	5號遊樂設施介紹	宇宙迴旋單次票價20元、身高未達90公分兒童請勿搭乘, 身高達90公分未滿1
10	9	6號遊樂設施介紹	星空小飛碟單次票價20元、身高未達90公分兒童及超過190公分之成人請勿搭
11	10	7號遊樂設施介紹	轉轉咖啡杯單次票價20元、身高未達90公分兒童請勿搭乘, 身高達90公分未

Tip

原始檔案網址：https://data.taipei/dataset/detail?id=5844eaa7-1dd4-4857-b86a-530d4849d932

一樣使用載入器函式來載入文件內容：

```
1 excel_docs = office_file('/content/example_excel.xlsx')
2 pprint(excel_docs)
```

執行結果：

```
[
    Document(
        page_content='\n\n\n項次 \n項目 \n詳細說明 \n\n\n1\n營運時間 \n1. 週
                二至週五 09:00~17:00。2. 寒暑假期間及連續假期 ( 收假日除
                外 ) 延長營運至 20:00。3. 週六、週日或假日延長營運至
                18:00。4. 週一 ( 寒暑假期及連續假期除外 ) 及農曆除夕為休
                園日不對外開放。5. 營運時間如有調整將另行公告。\n\n\
                n2\n門票資訊 \n全票：30 元、優待票：15 元、團體票：30
                人以上按票價打 7 折；◎全票：一般民眾◎優待票：1. 年滿 7
                歲而未滿 12 歲之兒童 ( 出示身分證件 )；2. 持有效學生證之在
                學學生 ( 外國在學學生須持有效期之國
                ( 省略 )
                行中正路，右轉基河路 ( 距離約 1.5 公里 ) →兒童新樂園；高
                鐵、臺鐵：◎搭乘至臺北車站轉捷運淡水信義線至劍潭站、士
                林站或芝山站轉乘公車 \n\n\n24\n開車路線資訊 \n從國道一
                號：圓山 ( 松江路 ) 交流道→民族東路→民族西路→承德路→
                基河路→兒童新樂園，臺北 ( 重慶北路 ) 交流道→百齡橋→承
                德路→基河路→兒童新樂園。從國道三號：木柵交流道→國道
                3 甲→辛亥路→建國高架道路→國道 1 號 ( 往桃園方向 ) →臺北
                ( 重慶北路 ) 交流道→百齡橋→承德路→基河路→兒童新樂園。
                GPS 座標：東經 -121° 30' 54.5" 北緯 -25° 05' 48.5" \n\n\
                n',
        metadata={'source': '/content/example_excel.xlsx'}
    )
]
```

由於是表格格式，我們可以依循表格的列來分割段落，以 '\n\n\n' 作分割字串，設定 150 個字元組合成一個 chunk，並且不重複字元，請執行下一個儲存格觀察結果：

```
1 text_splitter = RecursiveCharacterTextSplitter(
2     separators=["\n\n\n"],
3     chunk_size=150,
4     chunk_overlap=0)
5 splits = text_splitter.split_documents(excel_docs)
6 for i in splits[:5]:
7     print(i.page_content)
8     print('_'*10)
```

執行結果：

項次
項目
詳細說明

1
營運時間
1. 週二至過五 09:00~17:00。2. 寒暑假期間及連續假期 (收假日除外) 延長營運至 20:00。3. 週六、週日或收假日延長營運至 18:00。4. 週一 (寒暑假期及連續假期除外) 及農曆除夕為休園日不對外開放。5. 營運時間如有調整將另行公告。

———————

2
門票資訊
全票：30 元、優待票：15 元、團體票：30 人以上按票價打 7 折；◎全票：一般民眾◎優待票：1. 年滿 7 歲而未滿 12 歲之兒童 (出示身分證件);2. 持有效學生證之在學學生 (外國在學學生須持
(省略)

———————

3
K2 小型遊樂設施介紹
鋼鐵碰碰車單次票價 30 元、身高未達 90 公分兒童或行動不便者請勿搭乘；每輛車限乘 1 人，限制體重 60 公斤以下之人員乘坐。

———————

4
1 號遊樂設施介紹
海洋總動員單次票價 20 元、身高未達 100 公分兒童必須由成人陪同。◎針對身高未滿 85 公分之幼童，或身高超過 85 公分但未滿 2 歲之幼童 (須出示證明文件)，在親友陪同下可免費搭乘遊具，親友仍需付費。

———————

5
2 號遊樂設施介紹
水果摩天輪單次票價 30 元、身高未達 120 公分兒童必須由成人陪同，身高超過 195 公分請勿搭乘。◎針對身高未滿 85 公分之幼童，或身高超過 85 公分但未滿 2 歲之幼童 (須出示證明文件)，在親友陪同下可免費搭乘遊具，親友仍需付費。

———————

這樣表格中的一列就會是一個 Document 物件。

接著一樣代入給 rag 函式取得檢索流程鏈：

```
1 excel_chain = rag(splits, 'excel')
```

然後開始進行問答：

```
1 print(excel_chain.invoke("我身高超過 120 公分，我可玩那些遊樂設施?"))
```

執行結果：

根據提供的資訊，您身高超過 120 公分，可以玩以下遊樂設施：
1. 2 號遊樂設施 - 水果摩天輪
2. 10 號遊樂設施 - 魔法星際飛車

這兩個遊樂設施的身高限制均未超過您的身高，因此您是可以搭乘這兩個遊樂設施的。

模型就能回答出可以遊玩的遊樂設施啦！

CSV

此檔案是從臺灣證券交易所匯出的 CSV 檔案，為台積電 3 月份的各日成交資訊。一般 CSV 檔案都是拿來處理數值或是分析數據的表格，這種檔案內容就不適合使用 RAG 處裡問題，所以這邊我們改用 Pandas 套件來處理數據，LangChain 提供有 create_pandas_dataframe_agent 來建立 Pandas 代理，透過代理自動選用 Pandas 工具解決問題，以下為部分內容：

	A	B	C	D	E	F	G	H	I
1	113年03月 2330 台積電		各日成交資訊						
2	日期	成交股數	成交金額	開盤價	最高價	最低價	收盤價	漲跌價差	成交筆數
3	113/03/01	24,167,721	16,699,995,060	697	697	688	689	-1	26,282
4	113/03/04	97,210,112	69,868,348,694	714	725	711	725	36	125,799
5	113/03/05	73,299,411	53,751,887,376	735	738	728	730	5	69,851
6	113/03/06	52,464,833	38,203,868,985	718	738	717	735	5	49,897
7	113/03/07	80,382,406	61,221,034,146	755	769	754	760	25	96,348
8	113/03/08	98,069,174	77,295,575,097	795	796	772	784	24	110,758
9	113/03/11	73,436,931	56,348,050,108	768	778	761	766	-18	107,368
10	113/03/12	63,336,798	48,288,411,581	757	771	754	770	4	56,154

TiP

臺灣證券交易所網址：https://www.twse.com.tw/zh/

為了讓代理理解表格結構，需要以 Pandas 的 DataFrame 表格送給代理解析，但從剛才的圖片中可以看到表格中的第一列是表格名稱，不是實際內容，這樣傳入給代理時會誤解表格結構，所以載入文件時必須略過第一列，才能讓代理正確理解表格結構，請先匯入 pandas 模組並載入文件：

```
1 import pandas as pd
2 df = pd.read_csv("/content/example_csv.csv", skiprows=1)
3 df.head()
```

read_csv 方法中參數 skiprows 可以略過的列數，設定為 1 表示略過一列，不會讀入表格標題。執行結果如下：

	日期	成交股數	成交金額	開盤價	最高價	最低價	收盤價	漲跌價差	成交筆數	
0	113/03/01	24,167,721	16,699,995,060	697.0	697.0	688.0	689.0	-1	26,282	
1	113/03/04	97,210,112	69,868,348,694	714.0	725.0	711.0	725.0	36	125,799	
2	113/03/05	73,299,411	53,751,887,376	735.0	738.0	728.0	730.0	5	69,851	
3	113/03/06	52,464,833	38,203,868,985	718.0	738.0	717.0	735.0	5	49,897	
4	113/03/07	80,382,406	61,221,034,146	755.0	769.0	754.0	760.0	25	96,348	

接著要使用 create_pandas_dataframe_agent 方法前，必須先安裝 langchain_experimental 套件：

```
1 !pip install langchain_experimental
```

完成後就可以匯入方法並建立 Pandas 代理：

```
1 from langchain_experimental.agents import (
2     create_pandas_dataframe_agent)
3
4 agent = create_pandas_dataframe_agent(llm=chat_model,
5                                       df=df,
6                                       prefix='回答請使用繁體中文',
7                                       agent_type="openai-tools",
8                                       verbose=True)
```

建立代理時需要傳入語言模型和 DataFrame 表格, 參數 prefix 可以在設定好的提示模板前面再加上提示, 這裡主要是為了讓它以繁體中文回答; agent_type 設定使用 openai-tools 類型來選用工具; verbose 設定為 True 來觀察執行過程。

建立好後就可以開始進行問答:

```
1 result = agent.invoke({"3 月收盤價的平均值是 ?"})
2 print(result['output'])
```

執行結果:

```
> Entering new AgentExecutor chain...

Invoking: `python_repl_ast` with `{'query': "df['收盤價'].mean()"}`

762.71428571428573 月收盤價的平均值是 762.71。

> Finished chain.
3 月收盤價的平均值是 762.71。
```

可以看到模型理解我們傳入的 DataFrame 表格結構後, 針對我們提出的問題生成 pandas 語法來解決問題。

我們也可以自行驗證結果:

```
1 print(df['收盤價'].mean())
```

執行結果:

```
762.7142857142857
```

> **Tip**
> 這個代理仰賴模型生成 Python 程式碼透過 Pandas 套件處理數據, 由於模型的不穩定, 生成的程式碼可能會有問題, 所以這個代理才會放在 LangChain 的實驗套件中。

我們同樣也把以上的流程製作成一個完整的網頁版程式, 可以參考旗標科技在 Replit 上開發的專案, 請跟著以下步驟執行:

1 前往 https://replit.com/@flagtech/Officefilechatbot 複製專案

2 如同前面的專案, 請設定金鑰執行專案, 並開啟新分頁

3 你可以看到以下畫面:

❶ 上傳前面的 word 檔案　　❷ 你可以設定多個分割字串

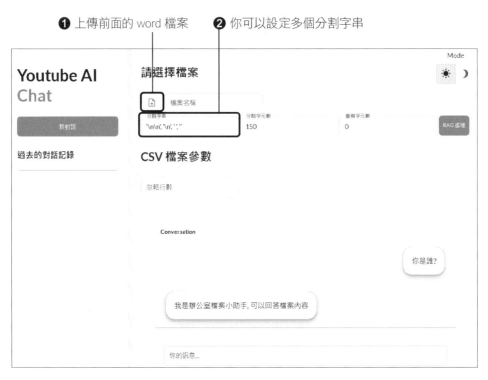

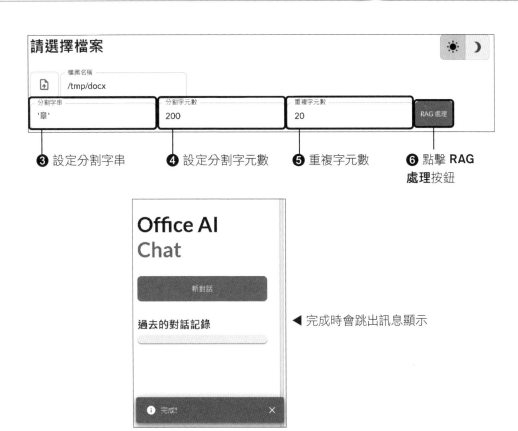

❸ 設定分割字串　　❹ 設定分割字元數　　❺ 重複字元數　　❻ 點擊 RAG
　　　　　　　　　　　　　　　　　　　　　　　　　　　　　　處理按鈕

◀ 完成時會跳出訊息顯示

▲ 完成後就可以開始問答

3 使用 CSV 格式檔案時，程式會依照副檔名自動偵測

請選擇檔案

檔案名稱
/tmp/STOCK_DAY_2330_202、

分割字串　　　　　　　分割字元數　　　　　　　重複字元數
`章`　　　　　　　　　200　　　　　　　　　20　　　　　　RAG 處理

CSV 檔案參數

忽略行數
1

② 上傳前面的 CSV 檔案　　　**①** 為了載入檔案時能夠讀取到正確的結構，
請先輸入忽略行數，不用忽略請設定為0

請問收盤價平均值是多少?

收盤價的平均值是762.71。

那開盤價呢?

開盤價的平均值為762.38。

你的訊息...

③ 完成後就可以開始問答

另外我們也有增加不包含圖片的 PDF 格式檔案讀取功能, 步驟如下：

請選擇檔案

檔案名稱
/tmp/pdf

分割字串	分割字元數	重複字元數	
'\n\n', '\n', ' ', ''	150	0	RAG 處理

❶ 上傳第 7 章的 PDF 檔　　❷ 自行選填分割器參數　　❸ 點擊按鈕

Tip

由於免費用戶在 Replit 上只有 0.5 vCPU 和 0.5 GiB RAM, 所以使用含有圖片的 PDF 檔案讀取時會因為解析圖片耗盡資源而被強制中止無法正確執行。

如果想要在本機上測試可以讀取含有圖片的 PDF 檔案, 可以參考這份專案的 source code, 以下為 GitHub 連結：

```
https://github.com/FlagTech/F4763
```

跟著 GitHub 上的步驟, 你就能讀取含有圖片的 PDF 檔案：

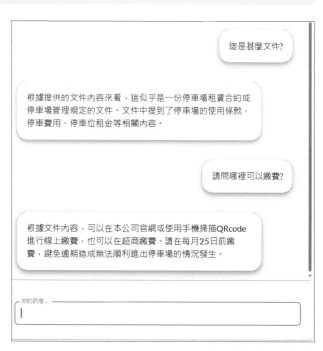

這是甚麼文件?

根據提供的文件內容來看, 這似乎是一份停車場租賃合約或停車場管理規定的文件。文件中提到了停車場的使用條款、停車費用、停車位租金等相關內容。

請問哪裡可以繳費?

根據文件內容, 可以在本公司官網或使用手機掃描QRcode進行線上繳費, 也可以在超商繳費。請在每月25日前繳費, 避免逾期造成無法順利進出停車場的情況發生。

你的訊息...

以上就是辦公室常用的 Office 檔案與 RAG 結合的網頁程式, 你也可以自己嘗試建立新的功能, 讓所有微軟的 Office 檔案都能夠使用 RAG 進行問答。

本章介紹了影片轉文字與辦公室的不同類型檔案, 以及如何對檔案中不同的內容進行分割處理, 對於 RAG 的細部處裡會更加了解。

CHAPTER 10

LangSmith -
追蹤程式的資料傳遞過程

LangChain 提倡串接個別物件，讓資料在流程鏈中傳遞執行，但執行過程中我們卻不清楚個別物件的輸入輸出等相關資訊，所以 LangCahin 開發了 LangSmith 來幫助開發人員追蹤流程鏈，觀察輸入到個別物件時傳遞的資料內容與傳遞路徑。

10-1 如何使用 LangSmith？

你可以在使用 LangChain 進行開發程式時與 LangSmith 搭配使用，除了方便追蹤資料在程式中的傳遞情形外，也能看到程式執行的其他資訊，如：API 費用、執行時間等。下面就請先依照慣例前往以下網址選擇並開啟本章 Colab 筆記本並儲存副本：

https://www.flag.com.tw/bk/t/F4763

首先請執行第一個儲存格安裝相關套件：

```
1 !pip install langchain langchain_openai rich
```

之前章節說過安裝 langchain 時也會安裝 langsmith 等相依套件，我們也可以使用以下指令進行確認：

```
1 !pip list | grep langsmith
```

使用指令 pip list 來查看特定名稱的套件，以下為執行結果：

```
langsmith                          0.1.50
```

可以確認 langsmith 已經安裝。

接著就可以去註冊登入 LangSmith 取得 API key，請跟著以下步驟：

1. 請先前往 https://smith.langchain.com/

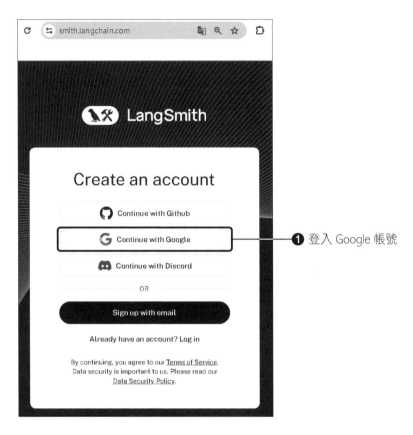

❶ 登入 Google 帳號

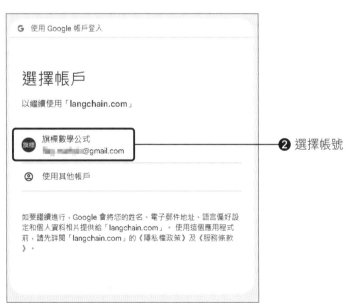

❷ 選擇帳號

③ 點擊繼續

完成後就會進入到以下畫面：

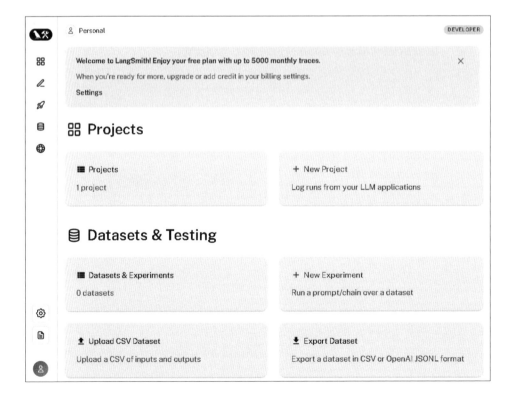

2. 建立 API key

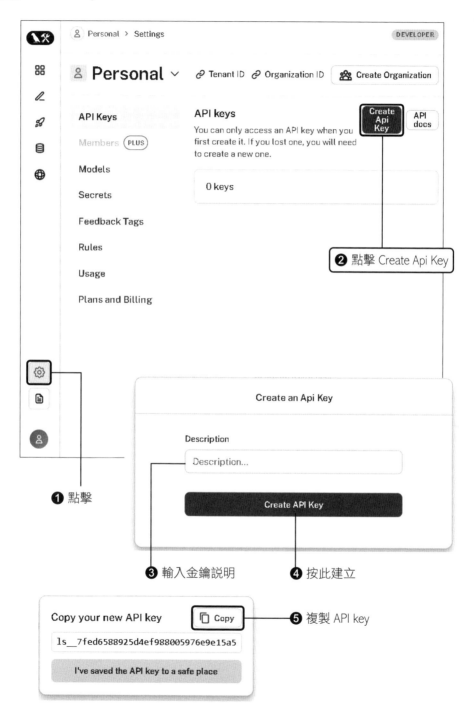

❶ 點擊

❷ 點擊 Create Api Key

❸ 輸入金鑰說明   ❹ 按此建立

❺ 複製 API key

3. 將 API key 複製到 Colab 筆記本上的 Secret 窗格

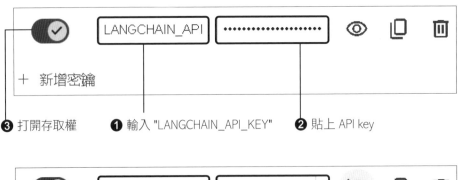

❸ 打開存取權　　　❶ 輸入 "LANGCHAIN_API_KEY"　　　❷ 貼上 API key

❻ 打開存取權　　　❹ 輸入 "LANGCHAIN_TRACING_V2"　　　❺ 輸入 "true"

儲存好兩個金鑰後, 就來匯入 userdata 模組以及設定環境變數, 請執行下一個儲存格:

```
1 from google.colab import userdata
2 from rich import print as pprint
3 import os
4 os.environ['LANGCHAIN_TRACING_V2'] = userdata.get('LANGCHAIN_TRACING_V2')
5 os.environ['LANGCHAIN_API_KEY'] = userdata.get('LANGCHAIN_API_KEY')
6 os.environ['OPENAI_API_KEY'] = userdata.get('OPENAI_API_KEY')
```

記得一樣要開啟本章範例檔讀取 secrets 中 OpenAI 金鑰的存取權。

> **Tip**
> 目前免費用戶每月可以有 5000 次免費追蹤程式的次數, 額外費用為 0.005 美元/次數。

我們可以寫一個簡單的程式進行測試, 使用語言模型物件進行對話, 請執行下一個儲存格觀察結果：

```
1 from langchain_openai import ChatOpenAI
2 chat_model = ChatOpenAI()
3 pprint(chat_model.invoke('妳好'))
```

執行結果：

```
AIMessage(
    content='你好，有什麼可以幫助你的嗎？',
    response_metadata={
        'token_usage': {'completion_tokens': 17,
                        'prompt_tokens': 11,
                        'total_tokens': 28},
        'model_name': 'gpt-3.5-turbo',
        'system_fingerprint': 'fp_c2295e73ad',
        'finish_reason': 'stop',
        'logprobs': None
    },
    id='run-5bacc931-0086-4ddd-9785-388bc8505e38-0'
)
```

接著我們回到 LangSmith 中, 從左邊窗格點擊 Projects 項目, 如下圖：

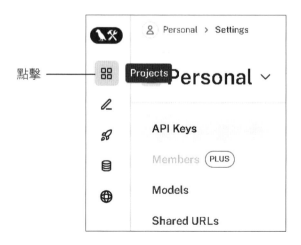

然後就會進到以下畫面，可以看到產生一個名為 default 的專案，我們點進去查看細節：

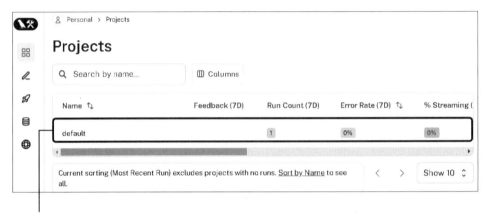

點擊專案

進去後就可以看到剛才在 Colab 上執行的程式，可以看到我們輸入輸出、開始時間、執行時間和 API 費用，而在右側名為 Stats 的窗格是整個專案過去 7 天的一些資訊，包含有執行次數、總 tokens 以及一些篩選項目，如下圖：

接著我們可以點擊剛才執行的程式：

點擊

你可以看到剛才程式的輸入與輸出,如下圖：

❶ 放大視窗

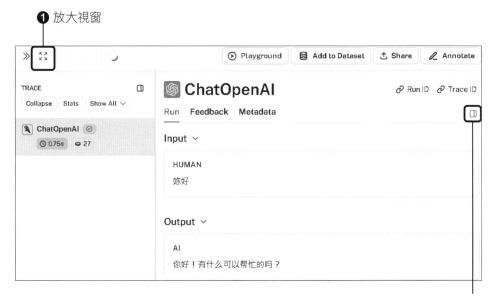

❷ 開啟右側窗格

你可以在右邊窗格看到詳細資訊,如下圖:

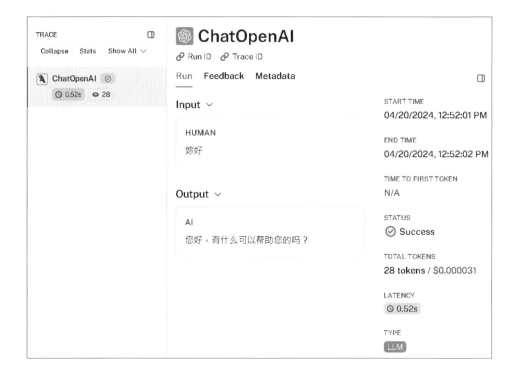

此外,你也可以進入到 Metadata 項目中查看目前物件的設定,如右圖:

由於我們剛才沒有設定參數,所以可以看到目前模型物件採用的預設值。

$\boxed{\text{10-2}}$ 流程鏈的資料傳遞過程

　　知道怎麼在 LangSmith 上查看程式執行的資訊後, 我們就可以串接個別物件建立流程鏈, 來追蹤流程鏈的執行過程, 請先執行下一個儲存格建立流程鏈：

```
1 from langchain_core.prompts import ChatPromptTemplate
2 from langchain_core.output_parsers import StrOutputParser
3
4 prompt = ChatPromptTemplate.from_template('在{city}講哪一種語言？')
5 str_parser = StrOutputParser()
6 chain = prompt | chat_model | str_parser
```

　　接著使用 LangChain 內建提供的 tracing_v2_enabled 方法來建立專案名稱, 並且直接在該專案中執行, 這樣待會兒就可以在 LangSmith 上看到執行的結果, 請執行下一個儲存格：

```
1 from langchain_core.tracers.context import tracing_v2_enabled
2 with tracing_v2_enabled(project_name="國家語言"):
3     print(chain.invoke({"city":"東京"}))
```

　　執行結果：

在東京, 日本語是主要使用的語言。然而, 也有很多人可以說英語, 尤其是在旅遊景點和商業區域。此外, 東京也有許多外國人居住, 他們可能會說其他語言, 如中文、韓文、西班牙文等。

Tip
你也可以從環境變數中建立專案名稱, 使用 os.environ["LANGCHAIN_PROJECT"] = "專案名稱"。

　　回到 LangSmith 你可以在 Projects 中看到剛才建立的 ' 國家語言 ' 專案, 如下圖：

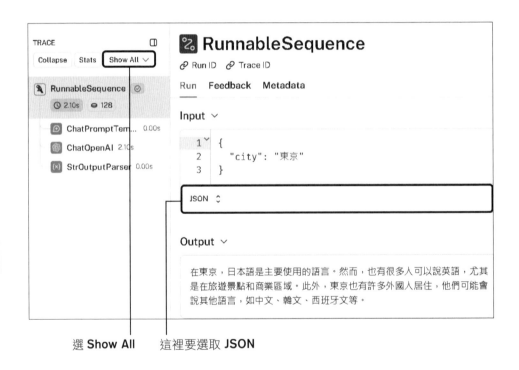

接著一樣點進專案到剛才執行的程式內部中,如下圖:

選 **Show All**　　這裡要選取 **JSON**

你可以看到剛才程式的輸入與輸出, 而左邊窗格中還可以看到剛才串接的個別物件, 點擊個別物件即可查看輸入是怎麼傳遞的, 首先從提示模板開始, 如下圖:

可以看到傳入 "東京" 到提示模板中形成完整句子。

接著換模型物件：

從輸入可以看到是剛才在提示模板物件中的完整句子，這裡傳入給語言模型後就會得到輸出，也就是下面 AI 的回覆。

然後換到字串輸出內容解析器：

最後以字串格式輸出結果。

透過剛才的流程，執行程式時你就可以觀察輸入到個別物件中的資料與輸出的結果。

10-3 代理的資料傳遞過程

使用 LangSmith 來追蹤代理效果會很明顯, 因為一般使用時我們是看不到代理中間執行時的過程, 透過 LangSmith 就可以觀察中間過程, 下面我們會建立搜尋代理, 請先執行下一個儲存格安裝搜尋工具:

```
1 !pip install duckduckgo-search
```

如同第 5 章以自訂工具方式建立搜尋工具:

```
1 from langchain_community.tools import DuckDuckGoSearchRun
2 from langchain_core.pydantic_v1 import BaseModel, Field
3
4 class SearchRun(BaseModel):
5     query: str = Field(description="給搜尋引擎的搜尋關鍵字, "
6                                    "請使用繁體中文")
7
8 search_run = DuckDuckGoSearchRun(
9     name="ddg-search",
10    description="使用網路搜尋你不知道的事物",
11    args_schema=SearchRun
12 )
```

接著建立代理的提示模板:

```
1 from langchain_core.prompts import MessagesPlaceholder
2
3 prompt = ChatPromptTemplate.from_messages([
4     ('system','你是一位好助理'),
5     ('human','{input}'),
6     MessagesPlaceholder(variable_name="agent_scratchpad")
7 ])
```

然後建立代理與代理執行器:

```
1 from langchain.agents import (
2     AgentExecutor, create_openai_tools_agent)
3 tools = [search_run]
4 agent = create_openai_tools_agent(llm=chat_model,
5                                   tools=tools,
6                                   prompt=prompt)
7 agent_executor = AgentExecutor(agent=agent,
8                                tools=tools)
```

我們一樣建立一個新的專案 ' 搜尋工具 ' 來追蹤代理執行的過程, 請執行下一個儲存格：

```
1 with tracing_v2_enabled(project_name="搜尋工具"):
2     result = agent_executor.invoke(
3         {"input": "2023 金馬獎影帝是誰？"})
4     print(result['output'])
```

執行結果：

2023 金馬獎影帝是吳慷仁。他在馬來西亞電影《富都青年》中榮獲金馬獎影帝殊榮。

接著一樣回到 Projects 中就可以看到剛剛建立的專案, 如下圖：

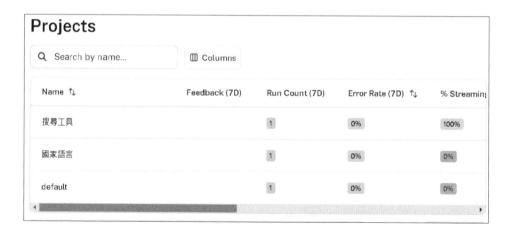

然後一樣進入到程式中觀察代理是怎麼傳遞執行,如下圖:

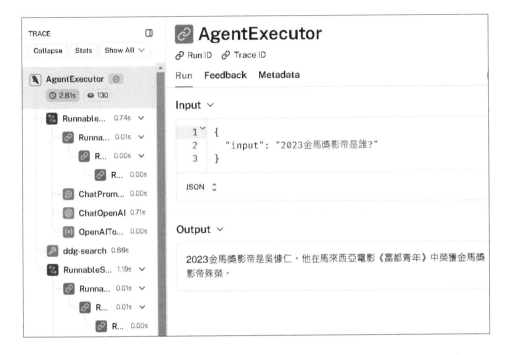

可以從左邊窗格中看到比前面的流程鏈更複雜的流程。

一樣從提示模板開始查看:

```
Output ∨

1    {
2      "output": {
3        "messages": [
4          {
5            "content": "你是一位好助理",
6            "additional_kwargs": {},
7            "response_metadata": {},
8            "type": "system"
9          },
10         {
11           "content": "2023金馬獎影帝是誰?",
12           "additional_kwargs": {},
13           "response_metadata": {},
14           "type": "human",
```

可以看到提示模板的輸入裡 intermediate_steps 和 agent_scratchpad 都為空串列。

接著換查看模型物件：

```
Input  ∨

SYSTEM
你是一位好助理


HUMAN
2023金馬獎影帝是誰?


Output  ∨

AI

ddg-search  call_3GDgLre9NffAMcAOtp0wFDte

1 ∨  {
2       "query": "2023金馬獎影帝是誰"
3    }
```

可以看到模型物件綁定的搜尋工具以及我們對工具的設定, 然後可以看到輸出有工具 ID 以及要傳給工具的參數, 表示模型已經選好要使用的工具。

接著換到 OpenAIToolsAgentOutputParser 輸出內容解析器:

```
{×}  OpenAIToolsAgentOutputParser

🔗 Run ID   🔗 Trace ID

Run   Feedback   Metadata
────

Output  ∨

1    {
2 ∨    "output": [
3 ∨      {
4          "tool": "ddg-search",
5 ∨        "tool_input": {
6            "query": "2023金馬獎影帝是誰"
7          },
8          "log": "\nInvoking: `ddg-search` with
     `{'query': '2023金馬獎影帝是誰'}`\n\n\n",
9          "type": "AgentActionMessageLog",
10 ∨       "message_log": [
11 ∨         {
12             "content": "",
13 ∨           "additional_kwargs": {
```

從輸出可以看到輸出內容解析器解析的搜尋工具名稱, 以及工具需要的參數。

我們也可以查看工具被呼叫後執行的狀況:

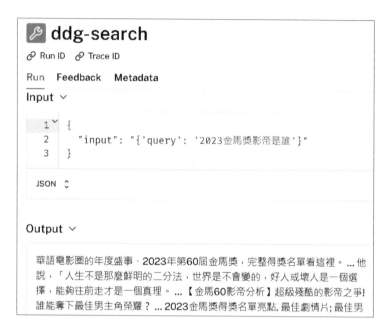

可以看到工具取回的搜尋結果, 接著就會再回到提示模板:

這次就能從輸入中看到 intermediate_steps 中有剛才 OpenAIToolsAgent OutputParser 物件解析的工具名稱、工具參數以及工具結果，並將這些資訊傳入到提示模板的 agent_scratchpad 中，再傳給模型物件彙整。

接著再到模型物件中：

可以看到模型彙整從提示模板傳過來的資訊後得到了答案。

接著再一次給 OpenAIToolsAgentOutputParser 進行解析：

OpenAIToolsAgentOutputParser

🔗 Run ID   🔗 Trace ID

Run   Feedback   Metadata

Input ∨

AI

2023金馬獎影帝是吳慷仁。他在馬來西亞電影《富都青年》中榮獲金馬獎影帝殊榮。

Output ∨

```
1  {
2    "output": {
3      "return_values": {
4        "output": "2023金馬獎影帝是吳慷仁。他在馬來西亞電影《富都青年》中
         榮獲金馬獎影帝殊榮。"
5      },
6      "log": "2023金馬獎影帝是吳慷仁。他在馬來西亞電影《富都青年》中榮獲金
         馬獎影帝殊榮。",
7      "type": "AgentFinish"
8    }
9  }
```

可以看到輸出中得到 AgentFinish 代表整個程式執行完成, 最後再傳回給代理執行器後就會輸出結果。

10-4 RAG 的資料傳遞過程

如同前面的流程鏈, 我們一樣也可以追蹤 RAG 的檢索流程鏈, 沿用第 7 章儲存在雲端硬碟中的汽車法規是非題向量資料庫檔案, 匯入並串接成檢索流程鏈, 最後在 LangSmith 中觀察關聯資料傳遞情形, 請先安裝 chroma 套件:

```
1 !pip install chromadb
```

接著如同第 7 章連接雲端硬碟：

```
1 from google.colab import drive
2 drive.mount('/content/drive')
```

一樣如第 7 章建立檢索器物件，記得指定第 7 章時你儲存向量資料庫檔案的路徑：

```
1 from langchain_core.runnables import RunnablePassthrough
2 from langchain_openai import OpenAIEmbeddings
3 from langchain_community.vectorstores import Chroma
4
5 embeddings_model=OpenAIEmbeddings(model='text-embedding-3-large')
6
7 db = Chroma(persist_directory='/content/drive/MyDrive/db',
8             embedding_function=embeddings_model)
9 retriever = db.as_retriever(search_type="similarity",
10                             search_kwargs={"k": 6})
```

然後建立輸出內容解析器、提示模板並串接成檢索流程鏈：

```
1 str_parser = StrOutputParser()
2 template = (
3     "請根據以下內容加上自身判斷回答問題:\n"
4     "{context}\n"
5     "問題: {question}"
6     )
7 prompt = ChatPromptTemplate.from_template(template)
8
9 chain = (
10     {"context": retriever, "question": RunnablePassthrough()}
11     | prompt
12     | chat_model
13     | str_parser
14 )
```

一樣建立一個新的專案 'PDF 問答 ' 來追蹤我們的 RAG 程式：

```
1 with tracing_v2_enabled(project_name="PDF 問答 "):
2     print(chain.invoke(" 喝酒開車會被罰多少?"))
```

執行結果：

> 喝酒開車的罰款規定因不同情況而有所不同，根據提供的文檔內容，酒後駕駛且酒精濃度超過規定標準者，罰款為新臺幣 30,000~120,000 元。

接著回到 Projects 專案中就可以看到剛才建立的新專案，如下圖：

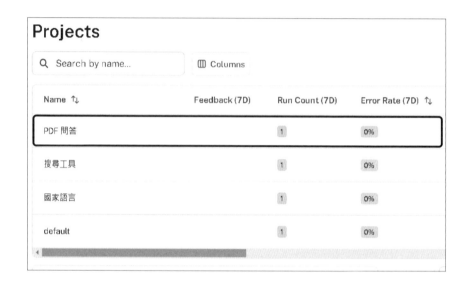

進到程式中查看流程，如下圖：

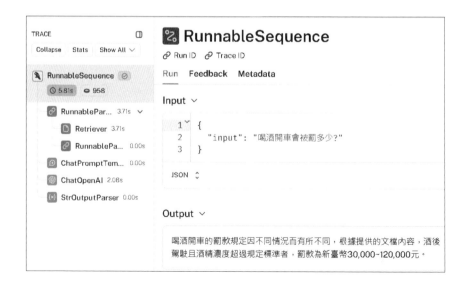

我們點進 Retriever 檢索器物件中查看：

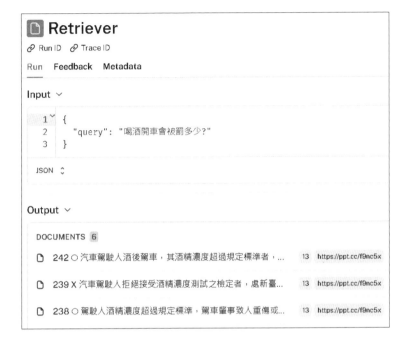

可以看到從向量資料庫查詢回來的 6 筆關聯資料。

接著看提示模板：

可以看到關聯資料傳入到提示模板的參數 context 中。

接著換模型物件：

可以看到傳入完整提示後，模型經過彙整得到答案，接著再傳入到字串輸出內容解析器就完成執行了。

以上就是透過 LangSmith 追蹤開發程式執行過程的方式，LangSmith 還有其他功能，你可以自行前往以下官網查詢：

```
https://docs.smith.langchain.com/
```

本書介紹了 LangChain 的框架概念，再到個別元件的用法與概念，使用了 LCEL 語法建立了流程鏈，也介紹了代理幫我們完成原本要手動執行的任務，最後熟悉了 RAG 概念並完成相關主題，期望帶給大家一個好的開始，使用 LangChain 快速開發 AI 應用程式！

LangChain
開發手冊

OpenAI×LCEL 表達式

Agent 自動化流程 • RAG 擴展模型知識

圖形資料庫 • LangSmith 除錯工具

LangChain

開發手冊

OpenAI × LCEL 表達式

Agent 自動化流程 ‧ RAG 擴展模型知識

圖形資料庫 ‧ LangSmith 除錯工具